# 包装设计与工艺设计

BAOZHUANG SHEJI YU GONGYI SHEJI

牛笑一　蔡汉忠／著

U0289504

 中国纺织出版社

**图书在版编目（CIP）数据**

包装设计与工艺设计 / 牛笑一，蔡汉忠著 . -- 北京：
中国纺织出版社，2018.9（2022.1重印）
ISBN 978-7-5180-4437-5

Ⅰ . ①包… Ⅱ . ①牛… ②蔡… Ⅲ . ①包装设计—高
等学校—教材 Ⅳ . ① TB482

中国版本图书馆 CIP 数据核字 (2017) 第 313480 号

策划编辑：汤 浩　　　　　　　　　　　　　　责任编辑：汤 浩
责任设计：林昕瑶　　　　　　　　　　　　　　责任印制：储志伟

中国纺织出版社出版发行
地　　址：北京市朝阳区百子湾东里 A407 号楼　邮政编码：100124
销售电话：010-67004422　　　　　　传真：010-87155801
http://www.c-textilep.com
E-mail: faxing@c-textilep.com
中国纺织出版社天猫旗舰店
官方微博 http://weibo.com/2119887771
北京市金木堂数码科技有限公司印刷　　　　　各地新华书店经销
2018 年 9 月第 1 版　2022 年 1 月第 13 次印刷
开　　本：787×1092　　1/16　　印张：14.375
字　　数：230 千字　　　定价：64.00 元

# 作者简介

牛笑一，男，中共党员，研究生学历，副教授，木材科学与技术专业。1996年任职于北华大学林学院，从事家具结构设计、包装结构设计、课程教学。主持吉林省科技厅项目二项，教育厅项目二项，工信厅项目二项，获吉林省科技进步三等奖一项，获得授权发明专利一项，指导学生创新项目两项，参与行业标准制订一项，发表学术论文数篇。

蔡汉忠，男，1975年3月生，曾就读于室内与家具设计、包装设计、项目管理等专业，北华大学林学院讲师。长期从事表现技法与效果图、透视原理、室内与家具设计的教学工作，积累了丰富实践经验；近期主要科研方向：家具材料，家具设计与工程，家居生态系统设计研究，近几年参与科研8项，在各类期刊上发表论文多篇。

# 前　言

随着中国经济的不断发展，人们的消费水平也获得了一定程度的提升，消费水平提升的同时人们的消费欲望也不断增大，人们对于所消费产品的要求也随之增多，其中，商品的包装就是要求之一。我们都知道，商品的销售很大程度上是由销售方法决定的，但是，我们也应该清醒地认识到，产品包装对消费者的吸引其实正是一种销售的成功，因为消费者多半会因为一些精美的包装而驻足，从而激发其内心的采购欲望。中国人民在生活水平提升的同时，审美能力也获得了培养与提升，因此，对于产品包装的设计的要求也普遍提高。对于产品包装设计师而言，这是一种机遇，同时也是一种挑战。从机遇的层面来说，这种对包装的时代需求正是包装设计师不断提升自己的根本动力；从挑战的层面来说，消费者对包装的挑剔可能会影响包装设计师的自信心。无论怎样，在这个时代，包装设计已经成为产品生产与销售环节中重要的一环，我们必须更好地把握包装设计的趋势，将更加多元的因素融入包装设计中。

中国的包装业乘着全球化的列车已经高速发展了许多年，在这期间，包装业虽然取得了一些可喜的成绩，但是仍然存在一些问题。在包装设计理念上比较保守，缺乏一定的理念创新，市场上的包装元素与款式同质化现象非常严重，这些都是显而易见的问题。正是这些问题让中国包装业的发展受到了一定的阻碍，同时也让包装设计面临着巨大的挑战。

本书从包装设计的基础知识出发，根据现阶段消费者的包装要求，对包装设计以及工艺进行了系统的论述。本书分为八章，第一章为包装设计概述，对包装设计概念、功能等内容进行了简单介绍，为读者接下来的阅读奠定了基础。第二章到第五章从包装设计的工作程序、造型设计等方面详细对包装设计进行了分析与概括。第六章到第七章从工艺的角度对包装设计进行了探索，一方面揭示了印刷工艺对包装设计的影响；另一方面揭示了中国传统工艺元素在包装设计中的具体应用。第八章为包装设计的发展趋势，这种趋势以绿色、简约化、人性化、互动式以及概念、虚拟的形式呈现出来。

总的来说，本书主要有以下两个特点：

第一，理论与实践相结合。本书既有传统包装设计书籍的共性，又有其突出的特点，其中最重要的一点就是本书并没有对包装设计及工艺设计进行苍白的理论论述，而是在理论论述的基础上通过应用实践向读者全面展示了包装设计的过程。包装设计是一种应用性比较强的设计，它虽然需要一定的理论作支撑，但是同时也需要结合一定的设计实践，只有理论与实践相结合才能让读者对包装设计有更好的理解与掌握。

第二，逻辑清晰，内容全面。本书是基于人们对商品外貌需求的提高以及设计行业发展的需要产生的，本书在成书过程中迎合了当前包装行业的发展变革，首先详细论述了包装设计的理念、程序等问题，在此基础上全面展开对包装设计应用与工艺的解析。

本书对包装设计的多方面内容进行了细致论述，旨在为包装设计师提供可借鉴的建议，为包装设计爱好者指出了包装设计的关键点与注意事项。当然，由于作者水平有限，书中的诸多观点或许有不当之处，恳请各位同行和专家批评指正。

编者

2017 年 3 月

# contents 目录

# 第一章　包装设计概述

　　包装是商品流通衍生出来的产物，在人类社会进行商品交换和贸易活动的漫长历程中，包装逐步发展成为商品的重要组成部分。良好的包装设计既能够代表企业的产品定位，又彰显出越来越丰富的美学价值，成为实现商品价值和使用价值的一个必不可少的条件。本章就对包装设计的相关知识进行阐述。

# 第一节 包装设计的形成与发展

包装伴随着人类文明经历了漫长的演变进程。大致分为原始、古代、近代和现代四个基本阶段，其中古代和近代包装又可统称为传统包装。进入现代社会，人们对商品的要求越来越高，除了良好的品质要求，还要有好的包装。其中无论偏重何种功用，设计都是从消费者的视觉感知角度出发来满足人们心理的，包括人们对包装的色彩、外形、文字、材料等不同视角的认知。本节对包装设计的形成与发展进行分析。

## 一、包装设计的形成

### (一)原始包装及设计的产生

原始包装(产品的包裹)的萌芽时期，相当于原始社会的旧石器时代。这些几乎没有技术加工的原始形态，虽然还称不上是真正意义上的包装，但从包装的含义来看，已进入萌芽状态了。

人类最初的生产力十分低下，仅靠双手和简单的工具采集野生植物，捕鱼狩猎以维持生存。人类从对自然界的长期观察中受到启迪，学会使用植物茎条进行捆扎，学会使用植物叶、柴草、果壳、兽皮、贝壳、龟壳动物器官等物品来盛装转移食物和饮水；还大量运用竹、木以及各种草、植物叶来容纳、包裹物品。这一时期包装的特点是就地取材，充分利用各种天然材料，进行实用性要求的简陋包装。这是受当时生产力发展水平所限，其无疑是为了保护产品，使之便于储存和携带，从而可称为包装设计的萌芽状态。

### (二)古代包装设计的产生

古代的包装设计，大约历经了人类原始社会后期、奴隶社会、封建社会的漫长过程。这时，人类开始以多种材料制作作为商品的生产工具和生活用具，其中也包括包装器具。这一时代，历史地称之为"手工业时代"。

青铜、彩陶等日用器具的产生，可以说是人类进入最早具有设计形态的古代包装时期。人们在手工业时代，创造了许多简单储藏物品的包装样式，如中国传统酒包装，大红的标贴与各色的酒坛相配，构成了中国关于酒包装色彩方面的特定传统。在这个阶段，人类文明发生了多方面的变化，生产力的逐步提高使越来越多的产品用于交易目的，产生了商品和商业。商品的出现即要求对其进行适当的包装，以适应远距离运输和交易的便利，人类开始以多种材料作为商品的包装材料。

1. 古代的手工艺包装与审美象征

人类在经历漫长的制造石器工具、器具的原始设计阶段，便进入了另一个重要时期——陶器用具的设计。中国传说中有"陶河滨，作什器于寿丘"，指的是陶器最初是由舜开始设计制造的。而西方的恩格斯则写道："陶器的制造都是由于在编制的或木质的容器上涂上黏土使之能够耐火而产生的。最初是用泥糊在编织物上烧成的，后来就直接用泥制坯烧制了。"火不仅使人类摆脱了茹毛饮血的生活，也改变了泥土的内在性质，使疏松的泥土变为坚硬的陶器。这不仅仅改变了原材料的化学性质，更重要的是代表了人类在改变自然斗争中的一种划时代的创举，这标志着人类设计已从原始阶段进入了手工包装设计阶段。

2. 中国古代包装工艺技术的成长

继先秦后，中国封建时期的包装设计，直接与万千年代人类可歌可泣的造物思想相联系。在包装技术上，已采用了透明、遮光、透气、密封和防潮、防腐、防虫、防震等技术及便于封启、携带、搬运的一些方法。

在包装材料上，人们从截竹凿木，模仿葫芦等自然物的造型制成包装容器，到用植物茎条编成篮、筐、篓、席；用苎麻、畜毛等天然纤维粘结成绳或织成袋、兜等用于包装；而陶器、玻璃容器、青铜器的相继出现，则经历了一个很长的历史阶段。我国西汉马王堆汗墓里出土的漆器中，除了脱胎漆器外，绝大部分为木质漆器及竹制漆器，这说明我们的祖先在还没有金属木工工具的时代就已经采用竹木材料制作较为高档的漆器包装了。

经文景、贞观之治，中国的传统包装工艺得到很大发展，继而锤打、切削、抛光、焊接、刻凿、铆、镀等加工技术也日趋成熟，金属包装开始发达，主要有盘、碟、杯、壶、盒、罐、瓶及各类盛酒器等。宋时盛行仿制商周鼎彝之类铜器及大量日用盛器、器皿，宋代金银器的制作特别发达，多作酒具，风尚甚为奢侈。元代日用品中大量使用金银器。进入唐宋时代的瓷器、元代的漆器、明清时期的金银钢铁锡等各类包装，银錾胎透明珐琅八宝纹香炉等，有出色的新兴品种和划时代的成就。最具特色的莫过于明宣德炉和景泰蓝两种制品。康熙年间的"珐琅彩"瓷器，自造纸术发明以来，包装的水平得到了更明显的提高。

3. 西方古代包装容器的设计与制作

西方古代设计师一直探索着用各种材料制作包装容器。就"香水容器"而言，最初开始探索的是埃及人，他们使用石制材质制造各种造型的容器盛装香水，如圆腹瓶子、厚重的敞口高脚瓶等，用扁平木塞或布团封口，其中雪花石膏占的比重最大。希腊工匠们则制作出了一系列的陶瓷容器盛装香水，根据所盛内容的特点来设计容器，如香油和香水的容器就不一样，并且希腊人很会制作仿生形态的容器来盛装香水。公元6世纪左右，小型模制陶瓶最初往往模仿人类头部的形象。古希腊、古罗马经拜占庭至文艺复兴时期的红绘式彩陶瓶、都铎式木箱及金属工艺和特种工艺等领域的包装设计也多有突出成就；还有玻璃制品，本来一直是昂贵的材料，到了16世纪，威尼斯工匠学会吹制技术，使玻璃可以制成许多种形状，采用乳白玻璃、金色玻璃、玻璃镶嵌……设计制作出各色各样的香水瓶、酒瓶等包装容器。

西方古代包装在造型设计和装潢艺术上，已充分掌握了对称、均衡、统一、变化等形式美的规律，并采用了镂空、镶嵌、堆雕、染色、涂漆等装饰工艺，制成极具民族风格的多彩多姿的包装容器，使包装不但具有容纳、保护产品的实用功能，还具有很好的审美价值。

（三）近代包装

16世纪末到19世纪，我国处在封建社会的后期，而西欧、北美国家先后从封建社会向资本主义社会过渡，社会生产力和商品经济都得到较快发展，两次技术革命使国家间的生产、流通和消费都直接或间接发生着联系，各国内外贸易所交换的大量原料和产品，都要经过很好的包装才能顺利进行储运和销售。与此同时，随着生活水平的提高，消费者对产品质量和包装质量不断提出新的要求，近代科技进步的成果为使包装满足这些要求提供了很多有利条件。这一阶段主要表现出以下方面的进步：

### 1. 包装材料的进化

在近代包装中，除继续采用陶瓷、玻璃、金属、木材、纸和一些天然材料外，随着塑料的出现和陆续的发明，人们已开始使用新材料，但种类还不多。

### 2. 包装技术和容器的进化

主要体现在容器的密封与包装质量方面。16世纪中叶，欧洲已普遍使用锥形软木塞密封瓶口。17世纪60年代，出现用绳子系在瓶颈上的软木塞封口。1856年，埃及发明了衬有软木垫的螺纹盖。1892年出现了王冠盖，它确保了对碳酸饮料和其他易挥发成分的流质产品的有效密封，是玻璃包装瓶包装革命性的进步。

### 3. 包装标记的创新

包装标记是包装作为宣传媒介的重要内容。虽然古代工匠和商人早已注意到利用附在产品或包装上的标记向顾客介绍产品的名称、出处和特色，但一般产品上极少使用印刷标签这种形式作为传递商品信息的手段。进入18世纪后，欧美国家的商品经济发展很快，产品日益丰富多彩，为了诱导顾客、扩大销售，厂商们重视了印刷标记的作用。1793年，西欧一些国家开始在酒瓶上挂贴标记和标签。由于印刷条件的限制，标记和印刷标签都发展不快。进入20世纪后，随着印刷技术的进步，包装才在内容、形式、工艺和使用范围上发生了显著变化。

### （四）现代包装

"二战"后，大规模生产的机械化、自动化、标准化与生活现代化使商品竞争日益激化，也将工业产品和包装设计引入竞争机制。特别是超级市场的拓展和普及，将包装的作用由原来的一般性的保护产品、方便储运、美化商品，一跃而推向依靠包装设计推销商品的重要地位，从而确立了现代包装的形成。同时，由于包装整体设计和包装设计定位理论的形成，迫使现代包装的设计、生产、管理必须纳入系统工程的轨道。

### 1. 材料和容器不断革新

进入20世纪后，新的包装材料和容器不断涌现。1904年，双面衬纸的瓦楞纸板箱在美国研制成功，随后，各种塑料材料及防盗铝制滚压螺纹盖都发明出来。可口可乐公司首先采用了多件集合包装。收缩塑料薄膜包装、防潮玻璃纸、蒸煮食品袋以及用于宇航员食品的包装等，使包装越来越先进和科学。

　　2. 包装机械的多样性和自动化

　　包装机械和包装材料是包装发展的"两足"，缺其一则寸步难行，在第一次和第二次技术革命基础上发展起来的包装机械，进入 21 世纪后，经过第三次技术革命的促进，正迅速地朝着多样化、标准化、高速化和自动化的方向发展。

## 二、包装设计的发展

### (一) 现代主义与包装设计

　　现代主义设计思潮对现代包装设计的影响很大，并在一段时期主导了世界设计的发展史。这种影响，不仅体现在设计风格方面，还主要体现在包装及平面设计的思想和理论观念上。强调设计的功能性，主张"功能决定形式"，设计首先要解决功能的问题。包装上的每一个视觉元素都必须具有各自的功能与作用，包装的信息简化为最基本的要素——品牌、商品名、商品形象，同时力图清除各种妨碍视觉传达或无用的要素，使功能与表现形式高度统一起来。

　　在视觉表现的语言方面，现代主义反对运用装饰图案，认为装饰是一种无用的视觉污染，主要将几何图形、摄影等作为主要的语言，通过对包装画面的简化处理，现代主义创造了许多非常简洁、视觉力度很强的包装样式，典型的如美国的"万宝路"香烟包装；又如，1930 年出品的"GITANES"香烟，运用了现代主义的喷绘技法，是这个时期包装设计的代表作。新中国成立前，中国上海的月份牌上的香烟包装，就带有强烈象征性意义，"骆驼牌"香烟和"蓝箭"口香糖足见一斑。在中国计划经济条件下，对包装市场促销功能认识不足，设计理念相当滞后。只把包装设计看成是一种"装潢"，设计中大量运用装饰图案，有的单纯追求装饰和漂亮，但看不出里面装的什么东西，设计包装成了画包装。

第二次世界大战结束后各种印刷机械不断革新，印刷技术印刷工艺的发明、完善，使包装的设计与制作都有了很大的进步。同时，新的艺术流派与风格在欧洲层出不穷，它们不但影响建筑、绘画与各种工艺的设计，也推动了包装设计的发展方向。

现代主义促使人们采用理性的态度进行思考分析，在现实市场条件下充分发挥包装功能、信息配置，具有一定的科学性和规律性。按信息的重要性在形象大小，强度上强调区别，构成了一定的视觉流程，引导观众认知。对于一个盒包装而言，其六个面在视觉传达上的作用是不同的：主立面，即面对观众的面应承载一些重要信息，"产品形象，产品品牌"，其他立面可加上产品说明等相关信息。

（二）后现代主义与包装设计

起源于20世纪60年代的后现代主义，是对现代主义的一种批判。在包装设计中的后现代更多地表现在：风格上倾向地域特色与人性化两个方面，反对表达语言的单一和冷漠的现象。

地域性是许多国家设计师非常重视的问题，它是保持一个民族设计文化个性的重要方面，民族的就是世界的。比如，中国包装中的"中国红"与书法、图案就有明确的地域特色；日本在这方面发挥得也很出色，在设计中日本人运用了许多东方及自己民族特色的图形符号、书法等，在国际上获得了声誉。而西方后现代主义设计师，则在各历史阶段的设计风格中找到元素然后变化处理，从而反映了本国的文化特色。

人性化包装，是后现代设计师重要的设计取向，他们运用各种幽默、滑稽、怀旧和充满乡土气息的表现语言，提升包装在情感作用驱使下的号召力。在风格上，常常运用手绘方法，使图形具有十足的人情味。对于消费者来说，这种包装显得更为"友善""亲切"。

后现代主义设计不但将传统题材的图形以新的"解构"方法加以重构，同时还运用各种自然的肌理，使人们进一步贴近自然。

（三）CIS与现代包装设计

20世纪五六十年代，全世界许多国家推行了一种新的企业经营策略——CIS 企业识别系统。CIS 设计的产生，是企业管理与市场竞争的需要，包装设计的这种变化，不再是传统意义上孤立的一个点，而是与企业宣传促销计划相关的一条线、一个面。一个包装，不仅要解决这个包装的自身形象，信息配置等问题，还要合理解决与整个系列包装的关系，以及包装与整个企业视觉形象的关系等问题。

时至当代，以系列化规范的包装设计已成为现代企业管理的表征及参与市场竞争的必要手段。它可让企业在展示自身形象与对外进行促销活动的同时，降低成本、保持高质量的视觉品质。试想，"麦当劳""百事可乐"这样的跨国企业，如没有规范包装设计的措施和规范制作的要求，各地分公司各行其是，整个百事可乐的形象就会支离破碎，包装及产品质量就会无法保证。

CIS 指导下的包装设计主要特点：运用各种规范的视觉元素进行系列化设计，既保证视觉形象的统一性，又体现一定的变化空间。

## 三、包装设计的发展原因

包装设计的发展过程也是包装形态的发展历程，具有鲜明的时代烙印。包装形态的发展，也反映了人类文明与科技的发展。新产品的产生，消费形态的改变，商业渠道的畅通，新材料的涌现，制作工艺和技术的改进，市场营销的拓展等，都会促进包装新形象的产生。甚至人们的生活观念、审美情趣的改变也会对包装设计产生深刻的影响。

### (一)新产品技术的需求

当代许多新产品的涌现，是人类以前尚未涉及的领域，如微电子、超导体、生物基因制品、纳米产品等。这些新产品对包装设计也提出了如何保护、保存的新要求，如何让它们安全地进入流通领域，又如何能在商业销售中取得成功。

这些新的课题促进了包装结构、包装材料、视觉效果等方面的不断更新，从而适应新产品和时代的需要。例如，江苏"宝枫"数码相机的包装设计，从包装的结构形式、系列相机包装的几何型分割的色彩搭配，都体现出新产品的特色。又如，WD（西数硬盘）也终于打破以往的沉默，将其蝎子王系列笔记本硬盘推向国内市场。产品使用纸质外包装，红蓝时尚双色搭配，蝎子图案清晰可辨，印刷精美设计独特，预留透明窗可以很方便地浏览产品外观，右下方的"三年质保"标识醒目贴心。盒体上还标明了官方网站。另外，产品自身技术含量的提高，也对包装形态提出了新的要求。

（二）消费形态的发展

包装设计是以消费者的使用、喜好为出发点的，消费形态的变化对包装设计产生着重要的影响。20世纪的POP式包装、便携式包装、易拉罐、压力喷雾包装、真空包装等形态的出现，无一不是消费需求所导致的结果。如今，互联网给人们的生活带来了极大的方便，网上交易、网上购物等新的消费形态也渐渐被越来越多的人所接受。随着网络的普及和相关硬件技术的进步，包装设计随之而来也必将面临更大的改变。

人们现代生活节奏的加快，商品包装更加要求体现出便利性、简洁性。食品中大量的半成品、冷冻食品、熟食制成品、微波食品的涌现，包装设计也随之在结构、材料、功能上配合着这种变化，冷冻食品和蒸煮食品的形态日趋多样化。使用便利，可直接适合微波加热的各种包装材料不断出现，这种包装目前主要采用了透气性的特殊乙烯材料，在食品加热时，蒸汽在包装内压力上升，由于具有透气性而不至于爆裂。一般微波食品包装上都明显有可直接微波加热的标记。此外，还出现了可以将点心烤得焦黄的包装材料，这种材料是由纸、导电性材料和耐热性材料三层构成的。在微波炉中烘烤时，微波材料通过导电性能而传递热量，从而将点心烤得焦黄可口。自动售货机的包装设计在欧美和日本等一些发达国家已遍布大街小巷和地铁车站。我国近些年也开始发展自动售货，将来必将非常普及，包装设计为了适应自动售货的特点，也会相应地在形态结构上发生变化。种种消费形态的变化，都给包装设计提出了新的课题和挑战。

（三）流通渠道的畅通

流通渠道的现代化，可使世界连接的距离逐渐地"缩短"。如今，人们可以在北京的商场里买到来自世界各地的商品，如美国出产的牛肉、法国出品的水果、挪威运来的三文鱼等。这些商品都依赖于流通领域的高效率和先进的包装运输水平。

商业贸易的国际化，是现代社会经济发展的特征，包装设计行业也随之适应这种国际发展的趋势。特别是在我国加入 WTO 以后，流通水平进一步适应了国际现代贸易的需要，包装设计在其中起着举足轻重的作用。包装要使商品在流通中不受气温、干湿、挤压、震荡、光照、腐蚀的影响，还要适应现代标准化的集装、存储、运输的要求以提高效率。这都需要设计人员精心创作出更为严密科学的设计方案，认真选择更为先进的包装材料，确定更为合理可靠的包装结构。

人们不断地利用科技手段，适应流通领域中新的需要，针对每一种商品的特征，积累和研究出许多经验和方法。比如，在新鲜水果的流通过程中，人们就总结出了很好的保鲜技术。其一是去除植物本身带有的乙烯、乙醛、乙醇等有害物质，具体做法是在水果包装中放置可以吸收这些气体的生物质。不同品种的水果所产生的有害气体的量也不同，植物和动物一样，要吸收酸素，呼出二氧化碳，正因为此也使生命逐渐老化而变质。人们在相对密封的包装箱中，放置能产生二氧化碳的物质，使包装内的二氧化碳的浓度上升，酸素的浓度下降，从而导致水果不能正常呼吸。动物在这种情况下一般会窒息死亡，但植物只是减少了呼吸而已，它还可以继续生长，而使寿命得到了延长。利用植物的这种特性可以有效地保持水果的新鲜度。

(四) 市场营销的拓展

商品的市场营销，立足于消费心理基础上的销售科学。在当代激烈的市场竞争中，由于技术的进步和市场营销的逐步规范化和精细化，如果消费者仅依靠以往常规观念的认识，要分出产品质量的高低已经不那么容易了。在这种情况下，拿什么去说服消费者、打动消费者呢？那必须明确体现出商品的个性所在，要在设计中强化这个不同之处。

要拓展市场营销，就要找到商品的"卖点"。例如，m&m 巧克力的卖点是"只溶于口，不溶于手"，这个卖点强化了产品的特性。许多产品把卖点通过包装形象传达给消费者，像来自哥伦比亚的咖啡、来自法国的葡萄酒……一般都会在包装设计中通过原产地的风情景点、产品的文脉特点等图形色彩和文字美化，将这些信息传递出来。有些产品中使用的特殊原材料、配方或新的加工工艺，也可作为包装设计的亮点加以渲染。

2000 年期间，日本频繁发生较强烈的地震，近年来，许多日本人还忧心忡忡，这与人们联想起历史上"关东大地震"和 1995 年的"阪神大地震"的可怕景象有关。日清食品公司抓住这个时机，并了解日本人有爱吃面条的风俗，于是，推出了一种采用新技术的、保存期为 10 年的金属罐包装的方便面，可以将其作为预防震灾的储备食品。这个独特的"卖点"吸引了不少消费者，使这一销售策划取得了成功。

## 四、包装设计的市场轨迹

纵观当代包装设计与市场发展的轨迹，20 世纪 80 年代的市场竞争是以面向用户，面向使用，以服务开发带动经营开发，从而推动产品、技术、人才开发的服务竞争，其背后是素质竞争，只有素质领先者才能赢得市场，促进了当代企业从工业化转向了现代化，从扩大外延规模为主的粗放经营转向了以提高内在素质为主的集约经营。这一时期，美国人领导了一次包装设计的"文艺复兴"，现代包装设计的变革比任何时代都剧烈，新设计风格层出不穷，他们的做法基本上是对以往设计的调整、补充、改良和发展。

20 世纪 90 年代的市场竞争主要是文化竞争，而实质是包装设计的竞争，只有设计领先者才能赢得市场，日本政府和企业明确地提出了"设计治国、设计治厂""更新和销售生活模式""创造市场，引导消费"等发展目标经营战略。据日本日立公司的统计，每年设计制造的产值占全公司总产值的 12%，于是不能不使人警觉——包装设计"文化"已成为世纪竞争的焦点。20 世纪90 年代对设计的影响很大，全世界许多国家推行了一种新的企业经营策略，这就是 CIS——企业识别系统。这不仅体现在设计的风格方面，主要还体现在包装及平面设计理论观念上。促使人们思考分析，在现实的市场条件下如何充分发挥其功能，包装上信息的配置，具有一定的科学性和规律性。信息按照其重要性在形象的大小，强度上应增加明显的区别，使这些商品信息构成合理的视觉流程，引导着观众认知。

此时，高科技时代已到来，人们普遍认识到自身发展所赖以存在的环境的重要性。在一浪高过一浪的环保大潮的推动下，崇尚自然、原始、健康的观念深入人心。包装设计在这一理念的支配下，向"轻量化""小体积"的方向发展。其功能不仅仅限于能够容纳、保护、促销及成本等要素，而且开始倡导"绿色包装"这一消费市场的新观念,使产品与包装材料向着"无污染"的方向发展。因此,既节约天然资源,又不至于破坏生态环境的环保意识设计,就成为20世纪90年代包装设计的一种新导向。

20世纪90年代末,企业形象设计的产生是由于企业管理与市场竞争的需要,这时的包装设计发生了根本性变化,对整个企业形象来讲,包装设计不再是传统意义上孤立的一个点,而是与企业宣传有促销计划相关的一条线、一个面。

21世纪的包装设计观念是"市场领先"的观念。其一,具有市场的定向作用,设计需要从模糊的市场需求中把握方向,为市场开拓明确目标;其二,包装设计需要不断实现产品的更新换代,以便利用科技进步取得的成果并适应社会生活发展的需要;其三,包装设计通过提高产品文化内涵和艺术品质,提升产品价值,从而创造更多的产品附加价值。包装设计对于市场开发,一方面,要设法保持现有的市场占有率,防止出现下滑趋势;另一方面,要设法建立正常的产品梯队,做到设计生产一代,储备一代,研制开发一代,创造设计一代。当一代产品销售下降时,新一代产品立即推出,使企业始终保持经营的最佳状态。新的设计创意能否在市场上取得成功,与市场调整和对市场需求的把握有直接关系。实践证明,即使在调查研究的基础上,产品创新方案也往往只有1/10能够给企业带来良好的效益。新品种的设计不仅要确保良好的功能,还要有卓越的外观设计和包装。最终,决定命运的是消费者,只有符合市场需要的产品,才能取得成功。

树立品牌特色,要在高质量基础上进行商品独特性形象的包装设计,唤起人们的热情,从而创造市场。从产品开发到设计投产需要一个过程,如果只满足现有市场的需求,时过境迁会造成被动局面。

# 第二节　包装设计的概念

包装是产品的延伸。包装因其具有的保护、便利和促销三大基本功能而成为产品不可缺少的一部分进入流通市场。包装设计能够通过视觉手段传达出一种产品与众不同的地方，以独具特色的包装设计来标示产品身份和体现产品特色或功能用途，最终达到产品营销的各项目标。人们到处都能看到包装设计的产品，但什么是包装设计呢？本节就对包装设计的概念进行研究。

## 一、包装的定义

包装是商品流通衍生出来的产物，在人类社会进行商品交换和贸易活动的漫长历程中，包装逐步发展成为商品的重要组成部分。良好的包装设计既能够代表企业的产品定位，又彰显出越来越丰富的美学价值，同时也成为实现商品价值和使用价值的一个必不可少的条件。

"包装"这个词在不同的语言环境和时代背景下有着不同的解释与意义。在我国《辞海》的解释中，"包"有包藏、包裹、收纳等意思，而"装"则有装束、装扮、装载、装饰与样式、形貌等意思。为了满足日新月异的时代发展需要，"包装"一词摇身一变，如同银河系中的一颗新星，将其耀眼的光芒投射到产业领域的各个角落，如"形象包装""城市包装"等。将物品包好这个商品包装的最基本的功能性目的现如今已经扩展为减少运输负荷、突出便携性、满足节约成本、符合科学性以及提倡环保的目的。当然，为了满足人们日益增长的文化需求，包装更要实现其独特的艺术性，美化商品使其具有美学属性。自然而然地，"包装"被赋予了新的生命与使命。对此，国际上对现代包装作出的定义是："物品从生产到消费者手中所经历的运输、保管、装卸、使用等过程中，为了保持物品的质量、价值，为了使用方便、促进物品的销售而对物品施加的技术或状态。"现代包装指的是产品容器、材料和辅助物等，以及制造出这类产品所用的包装技术、方法及加工过程。因此，包装作为一门科学有着明确的研究对象和研究范围。

对包装的理解与定义，世界各国有着不尽相同的观点和看法，但基本上都是围绕着包装的基本职能来论述的。例如，英国对"包装"的定义是："包装是为货物运输和销售所做的艺术、科学、技术上的准备工作。"美国将"包装"定义为："包装是为产品运输和销售做的准备行为。"加拿大对"包装"的定义是："包装是将产品由供应者送至顾客或消费者时，能保持该产品处于完好状态的手段。"而按我国《包装通用术语》中的定义，包装为在流通过程中保护产品，方便储运，促进销售，按一定技术方法采用的容器、材料及辅助物的总称，也指为了达到上述目的而采用容器、材料和辅助物的过程中施加一定技术方法的操作活动。虽然每个国家对包装的定义略有差异，但都是以包装的功能为核心内容的。由此可知，包装泛指所有能够达到保护商品、方便储运和促进销售的容器、材料和辅助物，也可泛指在获取上述容器、材料和辅助物的过程中所采用的技术方法和操作活动。

## 二、包装设计的定义

包装设计是将艺术与科学技术相结合，运用到产品的包装保护和美化宣传。它不是一般意义的"美术"，也不是单纯的装潢，而是含科学、艺术、材料、经济、心理、市场等综合要素的多功能体现。包装设计是一门集实用技术学、营销学、美学于一体的设计艺术科学。它不仅使产品具有既安全又漂亮的外衣，在今天更成为一种强有力的营销工具。包装设计的基本任务是科学地、经济地完成产品包装的造型、结构和装潢设计。

包装设计是对制成品和容器及其包装结构进行的外观设计，属于视觉传达设计的范畴。任何产品的商品化都需要包装设计，包装是现代商品生产、储存、销售和人类社会生活中不可缺少的重要组成部分。这种设计即选用合适的包装材料，运用巧妙的工艺手段，为包装商品进行的容器结构造型和包装的美化装饰设计。总而言之，包装设计是一种商业性的艺术设计，它是以市场营销为目的，综合社会、经济、艺术、技术、心理诸要素，对产品的容纳、保护、运作需要而进行的造型和装潢设计。这种商业性的艺术设计，离不开包装的特有体式，亦称版式。所谓包装版式设计，就是对包装的结构、造型、装潢三部分的编排、组合设计。结构美、材质美、工艺美、图形美、色彩美、字体美和编排美的综合体现，而这些装潢美的形式又不再是孤立的装饰形式，它更富目标性，力求以鲜明的信息感和形象感构成商品的促销目的。

以视觉为中心的包装设计，伴随着现代社会的发展，经历了商品包装的辉煌时代。可是，人们对设计的要求是无止境的，对外界的认知也是多方位的。商品包装要做到全面地引导消费者，最大限度地激起消费者的购买欲望，满足人们的审美情趣，就不仅要给人们视觉的愉悦感，还包括触摸感等。于是，包装设计师开始利用触感元素来进行情感化的设计，从而满足人们对商品包装的精神体验与诉求。在经济迅速发展的今天，人们的生活质量不断地提高，对包装的需求也不单是以前的对物品的存放和运输过程中的承载容器，而更加要求像是品牌的标志，成为人们区分不同种类、层次、用途的表征。许多包装更像是艺术品，这类包装更追求艺术效果和文化内涵。其实包装不单单要设计精美、成本低廉，还要材料环保，功能性强，这样的包装才能适应时代发展的要求。

品牌包装设计应从商标、图案、色彩、造型、材料等构成要素入手，在考虑商品特性的基础上，遵循品牌设计的一些基本原则，如保护商品、美化商品、方便使用等，使各项设计要素协调搭配，相得益彰，以取得最佳的包装设计方案。如果从营销的角度出发，品牌包装图案和色彩设计是突出商品个性的重要因素，个性化的品牌形象是最有效的促销手段。如何将新材料、新工艺、新结构广泛应用；如何将包装设计与品牌形象完美结合就是设计者应该解决的问题。在设计领域，产品包装的改良和创新一直存在很大的困难。从很大程度上来说，产品包装向我们展示的是现今都市的物质文化生活。在包装设计迅猛发展的今天，准确的设计定位日益成为重要的设计标准。产品包装作为产品实质的外表，在消费者和品牌之间建立起长期良好的关系，并发挥着关键性作用，面对复杂的社会文化变革，针对生态设计的研究已开始受到广泛关注。

包装设计作为国民经济的配套服务行业，伴随着中国社会主义建设不断发展壮大，特别是改革开放以来，在社会主义市场经济体制下，包装行业得以迅速发展，正在形成一个以纸、塑料、金属、玻璃、印刷、机械为主要构成成分，拥有一定现代化技术与装备，门类较齐全的现代产业体系。

## 三、包装和包装设计的价值

现代的包装是采用适当的包装材料和包装技术，把产品包裹起来，以使之在运输和储藏过程中保持其价值和原有状态。例如，食品包装是以食品为核心的系统工程，它涉及食品科学、食品包装材料、包装容器、包装技术、标准法则及质量控制等一系列问题，它是一门综合性的应用科学。一个新商品的诞生，经由企业内部的 R & D、产品分析、定位到营销概念等过程，细节相当繁复，但这些过程与包装设计方案的拟定却是密不可分的，设计师在进行个案规划时，企业主若没有提供这些信息，设计师也应主动去了解分析。那么，包装设计的价值是如何体现的呢？

**1. 包装的基本职能是可以带来安全感**

商品包装最原始、最基本的功能是保护商品，防止商品破损、渗漏、腐烂和变质等。随着商品经济的发展，市场观念的变化，包装的这种保护功能本身也发生了变化。它通过包装带给消费者安全感并发挥促销作用，对于那些易破损、易渗漏和易霉变的商品尤其如此。

**2. 包装使产品转化成商品**

人们习惯于将产品与商品不假思索地画上等号，然而细想起来，产品与商品毕竟是不同的概念。产品对于广大消费者来说，往往只有存在的意义，没有服务价值；只有成本，没有附加值；只有最基本的物质意义，而没有商品价值。当产品赤身裸体地来到商品世界，这情景比人类在原始混沌状态要寒碜得多。例如，人不"包装"虽然不雅观，尚能分辨出男女老少、高矮胖瘦。而产品离开包装就会连最基本的自然属性都难以保证。如酒，其液体必须由容器盛放，借助于嗅觉、味觉、触觉或许可以辨别。但商品唤起购买的主因是视觉，没有包装的酒或许人们会把它误认为是水或者别的液体。可见从产品到商品，其区别之大犹如将无生命的自然物质转化为有生命的社会成员。

**3. 包装设计传达的是商品文化**

这与包装的"微型广告"形式有关。消费者从广告形象中，大致对此企业的文化有一定的印象与认识，因此产品包装须与企业形象大致相符。例如，白加黑感冒胶囊与广告诉求相互呼应，使包装无疑具有广告最基本的显露功能。这就使它有可能成为一种非凡的广告。虽然不能直接劝说和诱导消费者，但是设计良好的包装能够通过其显露功能，紧紧地抓住消费者的注意力，默默地影响消费者的购买行为。

**4. 包装设计提升了商品的附加价值**

当代推行的绿色包装，充分体现了这个价值。商品使用完之后，包装可再次利用，除增加商品附加价值，也减低包装垃圾量，企业与消费者如此一来一往，便可为环保尽一份心力。例如，丽婴房 NacNac 礼盒组采用收纳盒的概念来规划，使产品材质及使用后的剩余价值发挥尽致；立顿花果茶礼盒组包装也可当成珠宝盒、文具盒或收纳盒来使用，大大地提高了礼盒的附加价值。为了减少包装带来的环保问题，除了材料的选用外，若能为包装增加这一价值，确是一个不错的方式。

5. 创造独特形象，树立品牌特色

树立品牌特色，要在高质量基础上进行商品独特性形象的设计，唤起人们的热情，从而创造市场。有人将"雪碧""七喜"和"莱蒙"三种包装去掉，分别注入不同的杯子，给消费者品尝，大多数人难以区分它们在口味上的优劣。然而市场中，雪碧却成了第一消费选择；同样，可口可乐风靡全球，成为碳酸饮料的第一名牌。这说明，品牌对市场的占有变成对消费者心理的占有。质量好的饮料不计其数，为什么都未形成与可口可乐分庭抗礼之势呢？除了独特的口味和品性外，它们的包装和商标都是著名美国设计大师雷蒙德·罗威设计制造的，醒目的包装和红色商标，使这一品牌形象深入人心。

产品没有感召力，存在的价值也就不大。还有如果包装远离产品，产品质量与包装不符，上过当受过骗的人，痛恨拙劣包装往往胜过痛恨包装之内的产品。商品需要设计包装，更需要准确定位，正是包装设计，在流通过程中把产品变成了商品，给商品注入了生命，给生命铸就了个性。因此，包装才显得格外重要，使之具有一定的价值意义。

## 四、包装设计的定位

设计定位是从英文"Position Design"翻译过来的，是在1969年6月由美国著名营销专家A.尼斯和J.屈特提出的定位理论——"把商品定位在未来潜在顾客的心中"而得到的。设计定位是一种具有战略意义的设计指导方案，是指目标明确的设计，解决构思方法问题的设计，是商业设计的前提。在包装设计中可以强调特定消费群体，可以强调商品的质量，或强调商品的某种特殊卖点，也可以突出包装的色彩和图案设计等。对于包装设计来说，没有定位就没有设计的目的性和针对性，就没有目标消费者商品的销售，就会停滞不前。包装设计中的设计定位是与设计构思紧密联系的一种方法，它强调设计的针对性和目的性，为设计的构思与表现确立主要的内容与方向。

其主要的意义在于通过设计定位，突出商品的优势和设计切入点，找到设计表现的重点，最终确定为正确的主题和设计方向。在包装设计中，定位实际上市确定设计元素的准确方向，随着时代的发展和诸多因素的影响，现在已经不能单纯地从形式角度去理解设计定位。

设计师要充分了解社会、了解企业、了解品牌、了解商品、了解消费者，以市场调研为基础，分别从品牌、产品、消费者和综合性四个方面进行设计定位。

（一）品牌定位

品牌的形象塑造可以刻画出品牌的个性，使其与同类产品的品牌形象形成差异，有利于消费者的辨认与区分，并对品牌产生好感与信赖，最终达成促进产品销售的目的。品牌定位是在综合分析目标市场和竞争状况的前提下，建立一个符合产品的独特品牌形象，并对品牌的整体形象进行设计，传播，从而在目标消费者的心中占据一席之地的过程或行动。其着眼点是目标消费者的心理感知，向消费者明确地表现"我是谁"的概念，传播品牌价值，形成消费者的独特认知。

在包装设计中，品牌形象的定位是通过在包装上突出品牌的视觉形象来实现的，其中包含了包装设计中的品牌标识、图形、字体、色彩及材质等要素。品牌标识和图形可以使消费者在传播中产生对产品本身的联想，有利于体现产品的形象性和生动性；字体的阅读性是突出品牌个性的一种识别方法；色彩及材质能给消费者带来强烈的视觉和触觉方面的感受。总之，品牌定位着重在于表现品牌形象，突出品牌意识，这对创建新品牌或提升品牌知名度有着非常重要的作用。

（二）产品定位

包装设计中的产品定位，是指通过对产品包装的设计使消费者能够直观清晰地了解到产品的品类、功效、特色、加工方法、使用方法及档次等信息，为消费者提供直观准确的购物参照，体现了包装设计形式与内容的统一。

1.产品的特色定位

包装设计定位的主要意义在于把自己优于其他商品的特点强调出来，

形成卖点，把别人没有考虑到的重要方面在自己的包装设计中体现出来，确立设计的主题与重点，引起消费者的兴趣，产生购买行为。产品特色定位就是突出产品与众不同的特色，以产品所具有的特点来创造一个独特的售卖理由，尤其是对品种近似的产品，谁能够表现出产品的特点与优势，谁就能够有效抓住消费者的眼球，在其他产品中脱颖而出。

2. 产品的档次定位

档次就是等级，产品因为成本、用途、销售通路、营销策略的不同都会使产品档次不同。产品的档次通过价格来体现，产品的包装根据价格来确定。包装最能直接反映产品的档次，二者要互相匹配。低档次的产品如果将包装设计得过于华丽，制作复杂，会增加成本，使得销售价格提高，增加消费者不必要的负担，也让消费者心理产生落差；相反，高档次的产品包装设计不能过于简单，制作粗糙，造成与产品价值不符，让消费者心理失衡。这种规律也包括日常消费产品包装和礼品包装的设计应该有着明显区分，拉开档次，促进消费层次划分。在包装设计中，必须准确地进行档次定位，使得包装适应产品，这样才有利于销售。设计师在设计的时候，要结合产品的价格来定位产品包装的档次，通过有目的的表现手法来进行划分设计。

3. 产品的功能定位

产品功能定位就是强调产品不一样的功效和作用，并在包装设计上展示给消费者，使其与同类产品产生区别，让消费者在购买及使用这种商品时能获得生理及心理的满足。这种定位是以消费者利益为主，以增强消费者的选择性需求。

4. 产品的产地定位

同类产品由于原材料产地的不同会产生品质上的区别，这些产地多为著名的原料产地，至少是消费者共同认同的，而且是其他竞争者无法模仿跟进的，因此很多产品会突出表现产地来展示品质的保证或血统的正宗性。像茶叶、牛奶、咖啡、红酒等包装设计都会突出产地的设计，长城解百纳干红，在包装设计上突出了北纬 37° 的原料产地的概念。还有很多地方特产，为了强调原产地的特点，在包装中直接出现当地典型的形象特征作为包装的主体形象。

5. 产品的品类定位

由于消费者之间存在着差异，就要求产品具有多样性的特点。例如，各种饼干、饮料、方便面为了迎合不同口味喜好的消费者，开发了不同口味的产品品类，从而扩大了销售面；还有洗发水、香水这些产品，因为消费者的区别，所以也会有产品成分的不同。这些产品在设计定位上都会有不同的侧重点。

6. 产品的使用定位

这种方式主要有两种：一种是产品使用时间的定位；另一种是产品使用方法的定位。对于具有使用时间的产品，可以采用使用时间定位，能够使得消费者清晰地了解产品的使用时间，方便消费者的购买。例如，很多化妆品分早晚使用，因此，在包装设计中可以强化表现这一定位思想。另外，从企业的角度思考，给予产品特定的使用时间，可以引导消费者在特定时间消费或者使用产品，从而起到促进消费的作用。而另一种产品使用方法的定位是在包装设计上表现产品独特的使用方法或运用方式，来吸引消费者的特别关注，产生尝试的兴趣，或者以新的使用方法增添消费情趣。例如，喜之郎果冻爽，在包装上表现出是可以吸的果冻这种产品特性，这就采用了产品使用方法的定位。

7. 产品的特定意义定位

特定意义主要表现在纪念性、节日性、庆典性、文体活动性等方面，如奥运产品、春节产品，这些定位的包装设计强调对特定意义的表现，突出这些意义的特质，但是一般都会有时间上、地域上或者特定环境的限制。

(三) 消费者定位

消费者是当今市场经济的主导，设计定位应该反映出消费者的普遍预期，符合消费者的主观兴趣和爱好。包装设计中的消费者定位，是指通过产品的包装信息准确传递出产品销售的具体针对人群，让消费者清晰地了解产品是卖给谁的。在设计中，要充分理解产品所针对的这部分消费群体的喜好和消费特征，才能使消费者对产品感受到这正是他想要的。包装设计中的消费者定位是至关重要的一个环节，直接影响到产品的销售。

1. 消费者性别和年龄的定位

消费者定位首先要考虑消费对象的性别和年龄。分析他们的特点有针对性地找到包装设计的切入口。不管是男性还是女性，儿童、青年还是老年人，其喜好和兴趣都不会相同。例如，化妆品中男性化妆品和女性化妆品在设计上截然不同，不论是色彩还是图案，都是根据各自的消费群体来进行设计定位的。

2. 消费者社会阶层的定位

文化层次、社会地位的不同，会导致消费者的经济条件生活方式、消费观念、审美标准及文化品位都会不同。以上这些因素的区别就会使消费者的兴趣、喜好有很大程度的多层次区分，在进行设计定位的时候，要重点参考市场调研结果，进行分析，有针对性地设计。例如，社会阶层较低，收入偏低的消费者群体的主要需求是满足基本的温饱问题，对于包装设计的要求是功能性第一；中等阶层会在性价比上作出分析和投资，倾向购买一些显现出高端的包装设计；而奢侈的包装设计的主要消费者群体是高阶层。

3. 消费者心理因素的定位

消费者心理因素的定位是包装设计中比较深层次的定位方法，要求设计师充分地挖掘消费者的心理需求和价值取向。很多成功的包装设计都是利用了消费者的心理因素促使消费者产生购物的，甚至一些消费者对原先不是刚性需求的产品，也会因为精美的包装而购买。因此在包装设计中，要迎合消费者的心理因素去进行设计，通过包装上不同的诉求侧重点，能赋予商品不同层次的特征和属性，满足消费者不同心理层次的需求，比如，同一种儿童食品，一类包装设计的重点是突出食品的美味和趣味化，那它针对的对象是儿童本人，目的是通过满足儿童的各种需求来影响其家长的购买决策；还有另一类包装则把设计重点放在其中的营养成分和效果上，表明其针对的对象并非儿童本人，而是家长，实际上是满足家长对孩子关爱的需求。除此之外，求美、求新、求变化是消费者共同的心理，当一种包装形式长时间没有任何变化的时候，消费者会产生一定程度的审美疲劳。因此，如何寻找新意，给包装注入新的血液，在包装设计的升级中尤为重要。这也是满足消费者追求新鲜的心理需求。

### 4. 消费者特殊需求的定位

对于有特殊需求的消费者，在包装设计中也要有针对性的定位。例如，糖尿病患者在选择食品的时候需要无糖产品，针对这样的需求，直接锁定消费人群，更好地让包装帮助产品销售。对于现代人越来越强调食品安全问题，所以很多包装设计上强化无添加剂，无人工色素或者本身就是有机产品等健康形象，表现上注重天然，保健的功能，这些也在很大程度上有助于销售。

### (四) 综合性定位

根据产品和市场的具体情况，对于设计的定位有时候会采用多种定位相互结合的形式，例如，品牌定位和产品定位组合，这是品牌与产品信息相结合的定位表现，在设计上一定要有重心倾向。一般以品牌形象为表现主体的时候，产品形象就成为辅助，注意两者相互补充，避免相互削弱，也有产品与消费者定位的相互结合，主要是产品形象和消费者形象相结合的定位，在处理上要以某一项内容为主要表现对象，其他的为辅助，避免二者等量，失去重心。另外，也有以品牌、产品和消费者三者定位结合的包装设计，同样需要注意侧重点，避免画面杂乱。

总之，设计定位在包装设计中起着极其重要的作用，准确的定位能够帮助企业销售产品，帮助设计师准确找到设计方向，把握产品特点，突破常规包装形式，找到最能抓住消费者眼球的设计方法。当然，一个包装中版面有限，不可能将所有因素都面面俱到地表现，过多的内容反而会让消费者不明白，阻碍重要信息的传递，所以，需要根据市场调研和产品分析，选择需要的重点突出表现，进行合理的定位。

# 第三节 包装设计的要素与分类

包装设计一般包括包装容器造型设计、包装结构设计、包装装潢设计三个方面。在设计中如何把商品的容器结构与装饰设计、材料与工艺结合起来，把商品的艺术性和包装技术的完美性体现出来，就需要在设计时把握好设计的三大要素，即外形要素、设计要素和材料要素。现代包装的门类繁多，研究角度不同，分类的方法也各不相同，本节对包装设计的要素与分类进行分析。

## 一、包装设计的要素

### (一) 外形要素

外形要素包括：纸盒外形、容器瓶形。它是商品包装展示的外形，包括大小、尺寸和形状。日常生活中我们所见到的形态有三种，即自然形态、人造形态和偶然形态。在做具体设计时，必须根据实况确定设计外形，这个外形要素，就是以一定的法则构成的各种形态。形态是由点、线、面、体几种要素构成的。主要有圆柱体类、长方体类、圆锥体类和各种异形体。在现代多元设计的情况下，异形体的新颖性对消费者的视觉吸引起着十分重要的作用，奇特的视觉形态能给消费者留下深刻的印象。但包装设计者必须熟悉形态要素本身的特性及其情感，按照包装设计的形式美法则结合产品自身功能的特点，将各种因素有机自然地结合起来，求得完美统一的设计形象。

### (二) 设计要素

设计要素是以形式美法则的要求进行视觉形象的平面设计。首先考虑选择材料的成本问题，还要以人体工程学的尺度对所要包装物的盒体长、宽、高以及盒的内置容量进行论证分析；对企业经营情况、企业在社会上的认知度、企业在行业中的认知度、企业的生产能力进行了解和分析；对产品的性能、功能特点、生产工艺过程进行分析；对销售市场进行调研，了解市场销售情况，以及对消费人群进行购买意见的反馈；对同类企业产品进行横向比较，采集各环节的综合信息，为最终确定运用何种方法进行该产品的包装设计，确定可行的设计方案。

设计要素是包装设计环节中的重要部分，企业生产产品的核心竞争力是产品质量、有过硬的生产技术和可信的质量保证，这只是完成了产品生产的一部分。好的产品还需要有好的包装设计，包装设计还包含着平面视觉设计与材料的开发。因此，无论开发、生产何种商品，都要注重平面设计部分与产品的和谐统一，才能体现设计之美。

设计要素是将商品包装展示面的商标、图形、文字、色彩组合安排形成一个完整的画面。这些有机组合构成了包装装潢的整体效果。

（三）材料要素

材料要素是商品包装所用材料表面的纹理和质感。它往往影响到商品包装的视觉效果、触觉效果。利用不同材料的表面变化或表面形状，可以达到商品包装的最佳效果。包装材料无论是纸类材料、塑料材料、玻璃材料、金属材料、陶瓷材料、竹木材料或其他复合材料，都有不同的质地肌理效果。运用不同材料，并妥善地加以组合配置，可给消费者以新奇、特色等不同的感觉。材料要素是包装设计的重要环节，它直接关系到包装的整体功能、经济成本、生产加工印刷及包装回收处理等多方面的问题。

## 二、包装设计的分类

现代包装的门类繁多，研究角度不同，分类的方法也各不相同，大致可以从以下几方面来区分。

（一）按包装的形态性质分类

1. 内包装设计

内包装是指与内装物直接接触的最贴身的包装，它的主要功能是归纳内装物的形态、盛装保护产品，按照内装物的需要起到防水、防潮、遮光、保质、防变形、防辐射等各种保护作用，如巧克力内层的铝箔纸包装，酒、饮料和化妆品的瓶、罐、盒、袋等容器。

2. 个包装设计

个包装也称销售包装。在体现包装具有的保护、便利功能基础上，个包装以满足商品销售要求为主要目的，注重包装在销售环节吸引消费者注意、说明宣传商品的作用，如纸、塑料、金属、玻璃、陶瓷、纤维织物、复合材料等制作的盒、罐、袋、听等。

3. 外包装设计

外包装也称大包装、运输包装，是以满足产品在装卸、储存保管和运输等流通过程中的安全和便利要求为主要目的的包装。外包装一般不承担促销的功能，为了便于流通过程的操作而在包装上标注出产品的品名、内容物、性质、数量、体积、放置方法和注意事项等信息内容，如木、纸、塑料、金属、陶瓷、纤维织物、复合材料等制作的箱、桶、罐、坛、袋、篓、筐等。

根据包装方式及商品本身形态的多样性，在实际中许多包装并不一定符合上述的分类法。内包装和销售包装有的商品只取一种，如一些洗涤剂的包装就是内包装和个包装合为一体的包装形式；有的两种（销售包装、运输包装）兼备，如一些家电等大件产品大多采用个包装与外包装合为一体的包装。因此，美国把前两种总称为容器（container），第三种称为包装（packaging）。日本则是从商品流通的角度，把前两种称为销售包装，把第三种称为运输包装。

（二）按包装的材质分类

包装按材质的特性可分为硬质包装与软质包装。

1. 硬质包装设计

硬质包装包括陶瓷、玻璃、竹木箱盒、硬质塑料盒、钙塑箱、金属箱、听、罐、集装箱、大托盘、人工合成硬质材料包装等。

2. 软质包装设计

软质包装包括纸盒、箱、袋、包装纸、编织袋、塑料袋、塑料薄膜、复合包装（纸、铝、塑）、布袋、麻袋、无纺袋、草袋、革制品袋等。

（三）按包装商品内容分类

包装按商品内容可分为食品包装（饮料、糖果、烟、酒、茶等）、药品包装、化妆品包装、电器包装、纺织品包装、玩具包装、文化用品包装等。

此外，还可以按包装的用途分为专用包装、通用包装、特殊包装等（如军用品、化学用品）；按包装商品的价值可分为高档、中档、低档包装等。

# 第四节　包装设计的原则

商品包装设计要想让消费者记住，产生强烈的购买动机，不能单纯从美学角度去考虑设计，而必须从商业角度出发，全面调整思维结构。必须体现商品的鲜明个性特征，简洁明了的文、图、形象，同时还要反映商品文化特色和现代消费时尚，才能让消费者永久记忆。包装设计的原则归纳为以下几个方面。

## 一、形象鲜明性原则

形象鲜明是指商品包装具有与众不同或是别致、独特、有个性的风格，能吸引消费者的眼睛。使用别出心裁的造型、鲜艳夺目的色彩、美观精巧的图案，别具一格的材质使包装能达到醒目的效果，使消费者在看到商品时能产生强烈的兴趣。当人们步入琳琅满目的自选市场时，会被一片眼花缭乱的商品搞得不知所措。几乎每件包装都在向我们呼喊它是最好的，当还不能确定所选的商品时，我们的视线便会下意识地落在某些形象比较鲜明的个体上，此时就会产生一种生理上的关注和注视，在第一时间里，这种形象鲜明的商品或多或少地给我们留下了较深的印象。

首先，造型的奇特、新颖能吸引消费者的注意力。比如酒瓶造型，一般以圆柱体为主，有的酒瓶运用仿生造型，设计成如锚形、人体形或葫芦形等，使之在一批圆柱体、长方体造型的酒瓶中格外突出、美观。其次，色彩美是人最容易感受的，有的市场学者甚至认为色彩是决定销售的第一要素，他们在长期的市场调查中发现，有的颜色作为产品的包装，会使产品惊人地不好销，灰色便是其中之一。他们认为，这是因为灰色难以使人心动，自然难以产生购买的冲动。他们提出红、蓝、白、黑是四大销售用色，这是在制作红、蓝、白、黑、绿、橙、黄、茶色的形象并进行比较时发现的。这四种颜色是支配我们每天生活节奏的重要颜色，作为销售用色时能够引发消费者的好感与兴趣，这种分析有一定的合理性。再次，图案是与色彩相结合而起作用的因素。图案要生动活泼、诙谐可人，具有强烈的艺术感染力。包装的图案一般以衬托品牌商标为主，充分显示品牌商标的特征，使消费者从商标和整体包装的图案上立即能识别某厂的产品，特别是名牌产品与名牌商店，包装上商标的醒目可以立即起到招徕消费者的作用。

好的包装绝对会产生瞬间效应，也就是第一印象，这样才可能激起消费者进一步关注，引发一系列的消费行动。因此，包装设计要防止雷同，要以自身特有的形象与同类商品区分开来，脱颖而出。设计师在对设计的商品包装定位前必须作一番市场考察，针对销售环境提出自己最理想的形象鲜明的包装设计方案。

## 二、实用性原则

商品包装设计的原则有很多，其中实用性是最重要的。商品包装要解决的最根本问题就是要实用，简而言之，即实在、好用。商品包装的实用性主要体现在包装的造型、材料、重量等。

不同的商品可能需要不同的包装材料。在进行包装设计时，首先要充分考虑商品的运输、使用等问题，如何使搬运更方便、商品保护更得当、造型更舒适，这才是设计者的初衷。而不是首先设计包装的图案、创意，由此可见商品包装的实用性的重要性。

## 三、易理解性原则

成功的包装不仅要通过造型、色彩、图案、材质的使用引起消费者对产品的注意与兴趣，还要使消费者通过包装精确理解产品。因为人们购买的目的并不是包装，而是包装内的产品。准确传达产品信息的最有效办法是真实地传达产品形象，可以采用全透明包装，可以在包装容器上开窗展示产品，可以在包装上绘制产品图形，可以在包装上作简洁的文字说明，可以在包装上印刷彩色的产品照片等。准确地传达产品信息也要求包装的档次与产品的档次相适应，掩盖或夸大产品的质量、功能等都是失败的包装。我国出口的人参曾用麻袋、纸箱包装，外商怀疑是萝卜干，自然是从这种粗陋的包装档次上去理解。相反，低档的产品用华美贵重的包装，也不会吸引消费者。

目前，我国市场上的小食品包装大多十分精美，醒目的色彩、华丽的图案和银光闪烁的铝箔袋加上动人的说明，对消费者特别是儿童有着极大的诱惑力，但很多时候袋内的食品价值与售价相去甚远，使人有上当受骗的感觉，所以，包装的档次一定要与产品的档次相适应。根据国内外市场的成功经验，对高收入者使用的高档日用消费品的包装多采用单纯、清晰的画面，柔和、淡雅的色彩及上等的材质原料；对低收入者使用的低档日用消费品，则多采用明显、鲜艳的色彩与画面，再用"经济实惠"之词加以表示，这都是为了将产品信息准确地传达给消费者，使消费者理解。准确地传达产品信息还要求包装所用的造型、色彩、图案等不违背人们的习惯，致使理解错误。例如，包装色彩的运用有这样的经验：黄油不用黄色的包装设计而用其他色彩就滞销，咖啡用蓝色包装同样卖不出去，因为人们长期以来已经对某些颜色表示的产品内容有了比较固定的理解，这些颜色也可称为商品形象色。商品形象色有的来自商品本身，茶色代表着茶，桃色代表着桃，橙色代表着橙，黄色代表着黄油和蛋黄酱，绿色代表着蔬菜，咖啡色就取自于咖啡。

商品的设计包装一定要以人为本，不同阶层、年龄、职业、收入、性别的人在购物时的选择是不同的，有物质上的，有精神上的，也有两者都需要。小朋友总是喜欢色彩鲜艳形象可爱的商品，年轻人喜欢时尚的商品，而老年人则偏爱稳重、大方、经济的商品。也就是说，年龄不同，购买心理也可能不同。一般情况下，人们在购买行动中往往会认同自己心理上的各种需要。因此，当我们开始设计包装时，应花足够的时间和精力去了解所搜集到的各种信息资料，了解分析所面对的消费对象心理状态的共同特征，制定详尽的设计策略，最后摆在货架上的商品就是消费者喜欢的商品包装形象。

# 第五节　包装的目的与功能

时下零售业的销售体系以及模式促成了包装由销售过程中容纳和保护产品的主要目的向更广泛的功用领域拓展，并逐渐肩负起直接参与市场竞争以及强有力地促进商品销售的新的使命。包装设计的功能由内装物的性质及流通环境条件和消费、使用要求确定，并通过包装的材料、结构造型、技术方法、视觉传达等手段实现。包装的功能是否符合内装物性质及流通条件和消费、使用的要求，是否有功能不全或功能过剩现象，是判断合理包装、不良包装或过度包装的重要依据。

## 一、包装的目的

### (一) 容纳产品

容纳产品，为产品"穿上衣服"是包装设计最首要的目的，要避免发生由于包装不当造成产品毁坏的情况。例如，包装必须防止液体、乳状的产品渗漏，如果产品是腐蚀性的化学物质，如杀虫剂、马桶清洗剂等，其渗漏会带来严重的危害。例如，一套美发产品的系列包装，该套产品的目标人群是追求时尚发型的年轻人，包装内的产品几乎都是乳状或液体的化学物质，所以在容器的材质选择上就要格外小心。亚光的金属包装不仅能容纳化学物质产品并促成其功能的实现，还不失美发产品所具有的时尚特征。

### (二) 介绍产品

就信息传达方面而言，生产商必须依照有关法律规定注释出产品所有的信息，包装在其中扮演着举足轻重的角色。包装上的要素必须能够使消费者了解到商品的内容、品牌、产品名称、储存方法、体积与重量、原料成分与配料、环保标志、保存期限、条形码等。自 20 世纪 70 年代起，人们普遍采用了条形码，计算机技术的成熟应用使得人们能够通过它来读取被集成在一小块条形码上的大量包装信息，当然对于包装信息的需求也就贯穿于整个销售网络。条形码的应用不仅使鉴别商品的工作变得高效快捷，同时还能够帮助商家准确无误地掌握商品流通信息及控制货物的库存。谷物食品包装，包装上的信息要素详尽全面，细致入微地满足了终端客户的需求，这就暗含了对顾客情感上的一种关怀。

### (三) 激发购买欲望

提升品牌形象已成为商家考虑的重要因素之一。如何架起一座产品与消费者之间良性互动的桥梁显得尤为重要。比如，商家会在产品包装上附加一些关怀性的文字、正面的宣传倡导信息等。为了使产品能够从品种繁多、形形色色的商品中脱颖而出，使消费者印象深刻，包装设计与广告语考究的搭配就被摆在了首当其冲的位置上。商场如战场，在销售领域，包装设计考虑的重要因素在于如何与竞争品牌一争高低，如何创造出绝佳的视觉效果。首先，产品必须与包装完美结合才能引起消费者的注意；其次，要使包装的功能更具针对性，消费者对包装的功能一目了然，才能留下深刻的印象。

## 二、包装的功能

### (一)保护功能

容纳和保护产品是包装的首要功能，包装具有保护内装物不致损坏、损失的功能，包括防冲击、防震、防撕裂、防机械损伤、防挤压、防潮、防水、防霉、防腐、防锈、防磁、防挥发、防曝光、防辐射、防氧化、防丢失、防盗窃等。

包装的保护功能重点体现在防止物品在流通过程中易受的外来损害和影响，包括以下几个方面：

(1)防止在运输过程中，受运输工具运行或环境因素造成的各种震动、冲击。

(2)防止在搬运装卸中受到各种碰撞、跌落冲击和硬物划伤。

(3)防止在运输及储存过程中，受到堆码挤压以及温度、湿度、空气、放射线、磁场、静电、微生物、虫害、鼠害的影响。

(4)防止流通过程中可能发生的丢失或盗窃现象。

包装的保护功能主要通过包装容器、材料和包装方法的科学、合理选择来实现。

### (二)便利功能

包装的便利功能，主要体现在以下几个方面：

1. 生产方面

包装要便于商品的生产制造过程，适应工艺操作，节省材料与工时。

2. 运输方面

物品经过适当的包装，如捆扎、裹包、装袋、装箱、装桶、装瓶等，其尺寸、形状和重量等适合人力或机械装卸、搬运，适合运输工具载运，减少运输费用，提高运输效率。

### 3. 储存方面

经过适当包装并有明显标志及有关说明的物品，要便于识别、计量和点验，其尺寸、形状和重量适合堆码和仓库容积，可减少仓储费用，提高仓储效率。

### 4. 销售方面

有利于商品的陈列效果，便于橱窗、货架和柜台的陈列，识别性强，销售时开启和封闭方便，易于搬取、分类保管和零售。

### 5. 使用方面

考虑消费者携带省力、开启便利、用量适当、保存便利和使用便利等，如携带式、易开式、一次用量包装、配套包装等。

### 6. 销毁及回收再利用方面

考虑包装废弃物销毁处理以及包装回收再利用的便利性。

### (三) 促销功能

包装的促销功能内涵丰富，但主要体现在它能够促进商品的销售。在当今商品销售方式大多采取自助式的情况下，包装能够充当"无声的推销员"，起到商品与消费者之间沟通媒介的作用。

### 1. 包装的说明性功能

包装上的信息应具有充分的说明性，消费者可透过包装清楚地看到内装物或通过图像、文字说明了解内装物的性质、功效、使用方法等。现代销售方式的变化，对包装商品信息的说明提出了许多新的要求，政府往往通过立法对消费品商品包装标明必要信息作出规定，以确保有关信息被清晰真实地反映出来。商品的数量、质量、使用方法、生产与保存日期、生产商及地址、联系电话以及各种相关的产品生产标准、卫生批号等与消费者利益有关的信息，必须明确地表达在包装上。

### 2. 包装的宣传性功能

包装不仅要充分地说明商品信息，还应在"关键的决策瞬间"发挥促销宣传作用。包装的形象能体现出生产企业的形象、品牌承诺和品牌个性等识别性因素，具有强烈的宣传性，能对消费者的购买决定施加影响，能给消费者留下深刻的印象与记忆。

### 3. 包装的审美性功能

过去习惯于称包装的形象设计为装潢设计，反映着当时人们对包装装扮、美化产品，使商品更美观，从而促进销售的功能认识。

在现代市场条件下，包装"美化"这个功能并没有消失，但有了进一步的扩展。包装形象传达出的情感、属性和气质，往往能在销售中起决定性作用。包装应具有独特的形象美化性，其色彩、构图、文字等能引起消费者的注意和好感，激发消费者的购买欲望；包装要体现出商品内在的品质，针对特定消费者，反映出不同的审美情趣，满足他们的心理诉求。

### (四) 保护环境生态的功能

现今，生态环境保护成为一个迫切而现实的问题，包装物在给人们的生活带来种种便利、给生产企业带来好处的同时，也给人类赖以生存的生态环境带来危害。包装废弃物的处理、包装对生态资源的消耗等，这些正在成为人们所要面对的现实挑战。

经过多年努力，人们已在包装生产中的材料与能源的节约、包装材料可回收率和再生率的提高、包装在回收及销毁上的便利以及达到环境生态要求、防止破坏环境方面取得了一定进展。绿色包装、生态包装已成为各国包装设计师共同追求的目标。

# 第二章 包装设计的视觉要素与形式美

　　设计的成败取决于设计构思与形式表现两个方面。设计构思决定了设计的方向和深度，形式表现则是设计构思的具体体现。在包装设计中，形式具有相对的独立性。正因为如此，包装设计才得以千变万化。

　　平面设计表现形式的基本原理和基本方法是包装设计必须掌握的基础知识，但在具体应用中还必须考虑商品包装的特殊形式和内容要求，力求形式与内容的完美统一。材质美、工艺美是包装设计的形式美中不可忽略的组成部分。材料与工艺是包装的物质基础，是实现包装的各种功能的先决条件。随着科学、经济、文化的发展，材料与工艺的重要性越来越突出。本章主要讨论包装设计的视觉要素与形式美。

# 第一节　包装设计的视觉要素

包装设计的视觉要素体现在视觉形象文字、图形及色彩的应用上，其构成包装设计的视觉传达载体。视觉传达要素的表现不等于装饰美化，尤其不能以对装饰美化的个人喜好为设计原则，它必须以准确、充分地表达商品信息为基础，将视觉的审美性融汇其中，使商品通过包装更加完美地展示自身，创造更多的销售机会。因此，包装的视觉要素表现不是单一的存在，而是附属于包装设计的文化内涵、商品属性和人的需求，包装设计的要素表现就是运用视觉语言传达商品信息，沟通生产商、经销商与消费者之间的联系。所表现的要素一方面是形式反映内容；另一方面是形式作用于内容，以引领商品包装的形式美，提升商品价值，具有促销功能。

## 一、文字

相对于图案而言，包装设计的文字不可或缺。文字具有清晰、直截了当地诠释和说明商品特点的功能。例如，只有文字才能详细并准确地显示出产品的批号、生产日期、名称、使用方法及容量等包装信息。

### (一)包装设计中文字的设计原则

设计文字的目的是要使文字既具有充分传达信息的功能，又与商品形式、商品功能、人们的审美观念达到和谐和统一，一般可根据以下几个原则进行设计。

1. 要符合包装设计的总体要求

包装设计是造型、构图、色彩、文字等的总体体现，文字的种类、大小、结构、表现技巧和艺术风格都要服从总体设计，要加强文字与商品总体效果的统一与和谐，不能片面地突出文字。

2. 要结合商品的特点

包装文字是为美化包装、介绍商品、宣传商品而选用的。文字的艺术形象不仅应有感染力，而且要能引起联想，并使这种联想与商品形式和内容取得协调，产生统一的美感，如有些化妆品用细线体突出牌名与品名，给人以轻松、优雅之感。

3. 应具有较强的视觉吸引力

视觉吸引力包括艺术性和易读性，前者应在排列和字形上下工夫，要求排列优美、紧凑、疏密有致，间距清晰又有变化，字形大小、粗细得当，有一定的艺术性，能美化构图。易读性包括文字的醒目程度和阅读效率，易读性差的文字往往使人难以辨认，削弱了文字本身应具有的表达功能，缺乏感染力，令人疲劳。一般字数少者，可在醒目上下工夫，以突出装饰功能；字数多者，应在阅读效率上着力，常选用横画比竖画细的字体，以便于视线在水平方向上移动。

4. 选用文字种类不能过多

一个包装画面或许需要几种文字，或许中、外文并用，一般文字的组合应限于三种之内。过多的组合会破坏总体设计的统一感，显得烦琐和杂乱；任意的组合则会破坏总体设计的协调与和谐。

(二) 包装的字体设计

包装可采用如下几种字体：

1. 书法字体

书法字体目前在我国一些企业主要采用政坛要人、社会名流及书法家的题字，作为企业名称或品牌标准字体。书法字体作为品牌名称有特定的视觉效果，活泼、新颖，使画面富有变化；但是书法字体也会给视觉系统设计带来一定困难，首先要求其与商标图案的配合具有协调性；其次要求其便于迅速识别。

2. 图形字体

图形字体的外观造型经过精心设计，更重要的是，它根据企业或品牌的个性而设计形态、粗细、字间的连接与配置、统一的造型等，在上述方面都做了细致、严谨的规划。图形字体与普通字体相比，更美观、更具特色。

3. 品牌字体

品牌字体是反映商品品牌效应、经过设计、专用于表现商品或品牌名称的字体。品牌字体的设计有助于商品的规范识别，有助于整合商品名称。

4. 涂鸦字体

涂鸦字体是指采用涂鸦方式设计出的字体，这种字体具有挥毫泼墨的帅气和张力、别具一格的表现力。在包装设计中，涂鸦字体大多表现富有个性、力量感、文化气息的商品类别。

5. 规范字体

规范字体一般指标准的印刷体，以宋体和黑体居多，多用于包装设计的辅助说明字体。

无论哪一种字体设计，都要体现商品的行业属性和特征，即设计风格要体现商品特性。

(三)包装文字的内容

一个包装上的文字一般包括品名(汉字、拼音)、生产单位、重量(或容量)、型号、规格、用途、用法、特点、成分、广告语、厂名、厂址、传真、电话等内容。

1. 主题文字

(1)主题文字。包装中主题文字的设计一般用于商品名称、品牌名称、品牌字等，是商品属性的表现。主题文字的设计应该突出，有时直接把主题文字设计成商标；有时主题文字也与商标并列使用，形成一组和谐的商品形象组合。

(2)广告语。广告语的表达要言简意赅。广告语设计的首要目的是向消费者宣传商品的特性。同时，在满足了将商品真实信息传达给消费者的前提下，还要利用广告语言来突出和包装林林总总的个性化商品。

(3)说明文字。由于说明性文字是对产品的全景描述，因而内容和字数较多，要具备明确性和周全性，一般会采用相对规范的印影标准字体。为了达到不同形态的字体之间设计风格相协调的目的，所用字体的种类不宜过多。另需注重主体图形、主体文字和其他形象要素之间的主次关系及秩序，使之完美协调并达到整齐划一的视觉效果。重点应侧重于字体的位置、大小、疏密及方向上的设计处理，也要注重字体与产品信息的关联度。

说明性文字的位置通常出现在包装的侧面及背面，要注意区分并强化与主体文字间的大小对比。为了避免喧宾夺主、杂乱无章的情况出现，这说明性文字通常较多地选择密集型的排列组合方式，以确保有效地减少视觉干扰。当然，考虑到要使消费者清晰阅读并准确识别信息，对这类文字的应用有一定的特殊要求，如字体与包装物底部的距离、字体的最小值、基础文字的排列间距等均要按照要求设计。在设计花体字时，必须注意控制字体的变形程度，避免"过犹不及"。

在展示标题时，要认真仔细地考量每行的字体长度、段落大小和行间距等因素。例如，单行的字数不宜过多，大的斜体文字阅读起来很不方便等。

总之，设计出的字体要便于消费者在使用商品时能够有效、便捷地阅读与理解产品技术信息，从而使其对商品的使用非常满意。

印刷介质与包装印刷程序会对字体印刷效果产生一定的影响。在金属包装设计中，字体过细或横竖笔画粗细差别过大对于印刷后的字体视觉效果将产生很大的影响，从而使字体的清晰度大打折扣。因而，除了协调横竖笔画粗细比例之外，通常采用边线加粗的方式来加强商标名称的视觉表现力。

说明文字信息作为体现产品品牌内在价值的有效手段之一，要做到相关信息的健全详细才能够在消费者心目中建立起优质的信誉，同时将预见到的问题全部清晰明了地表达在产品包装上，这也是对消费者的一种关怀及责任心的体现。

(四) 包装设计中文字设计的应用原则

1. 人性化原则

基于人性化的理念来审视包装造型设计过程中的文字设计，无论内包装或外包装、单个包装或集合包装，都是以方便人的使用为原则的，即需要以人体工学的研究为基准。对诸如销售包装物的便于开启、抓放、拿捏、倾倒、封闭等，运输包装物的便于装卸、抬放、搬运等进行科学合理的设计时，可以用文字提醒消费者。同时，包装文字设计也必须以人的视觉特性为基准，要便于阅读、识别并获取信息，便于吸引消费者的注意力并与人们的审美趋向相统一。

2. 生态意识、环境保护原则

在包装设计中，文字设计也要遵循生态原则，给读者以保护环境、绿色生活的理念。

3. 简约原则

简约设计原则就是减少或优化视觉装饰要素，即主次分明、以少胜多，让视觉空间或紧凑、或灵动、或轻松地形成愉悦而更富有想象与思考的空间。简约并不等于简陋或简单，它体现在包装设计上就是使用最普通的材料、最简单的工序、尽量少的印刷，设计出最简洁的造型、最方便实用的包装方式。把简约主义的设计原则应用到包装设计中，通过改善包装与人之间的关系，使得包装给商品带来"好人缘"。

4. 创造性原则

创造性的设计实际上也是"应时而变、不断创新"的命题。艺术随时代而嬗变，不同时代的包装设计是由其所处时代的新材料、新结构、新形态、新工艺、新文化、新风格等综合要素共同体现的。一项新创造或新发明往往都是在一定的条件下产生的，而且它的成果又成为后人创造的基础。创造是无限的，是知识进化和文明进步的源泉。从人类历史的发展来看，包装本身就是人类物质文明和精神文明进步的综合性创造。因此，在包装造型设计的"文化亲和力"的探索与实践中，创造性设计也就成为包装繁荣时期的重要前提和原则之一。

## 二、版式设计

### (一)文字的排版设计

文字编排的形式感，表现在文字与图形的关系以及各种文字之间的主次、大小、位置、疏密的节奏变化上。品名是画面的主体，一般在黄金分割的比例线上，以中上方位为宜。品名在对称构图中应在中心线上，其他文字应左右对称；在均衡式构图中，文字、图形应保持平衡关系。每行文字的编排可齐头不齐尾，也可齐尾不齐头，还可以中轴线为基准，两头文字数均等。一般文字的阅读习惯是，横排自左向右，竖排自上而下；而传统书法文字的阅读习惯则是自右向左。

在文字设计上要注重字体的精神、个性。不同的商品包装属性，如古朴的、华贵的、传统的、新潮的等，其包装设计风格应不同，文字设计也应与其一致。例如，对于传统产品或地方产品，应选用具有传统装饰风格的字体；对于现代的、新潮的产品，如数码电子产品、通信产品等高科技产品，应选用新流行的字体。为了突出产品个性，还可以独创具有个性的字体，那就要根据不同属性的产品创造出富于时代气息的字体。

字体设计要有强烈的针对性和准确性。同类产品可能要销往不同的国家和地区，需要采用与目标市场的消费对象相适应的语言文字，以适应消费者识别商品、选购商品的需要。有些厂家在内销商品的包装设计上全用外文表示，消费者无法很快地了解商品特性，结果适得其反。另外，对各种文字的书写、译文、译音必须准确无误，严防因文字用错而造成损失。

字体要突出艺术性和时代感。商品包装艺术设计中的主体文字，如品名、牌名等，应具有最醒目的视觉效果。

伴随现代高科技的发展，字体设计也应同步发展，对于强调特色的商品包装艺术设计，其文字也应有新颖独特的风格，如采用文字笔画的增减、象形、重复、连用、渐变、光影变化、大小写组合等方法。品名文字可采用横、竖、倾斜、阶梯、框架、适形、重叠、组合、重复等排列形式，对整个画面能起到画龙点睛的作用。

(二)排版设计中文字间的关系

1. 文字大小对比

画面中的文字包括主题文字、说明文字、广告语等口号文字，无论文字所处的位置或表现功能有何不同，其间都有大小、主次与协调的相对关系。主题文字或广告语应适当放大处理，以强化点题；补充说明性文字应适当缩小处理，巧妙精细地作视觉构成的补充，以彰显主题文字的视觉地位。适当地强化文字大小关系有助于突出画面主体，使主次分明。

2. 文字方向对比

文字的编排产生方向感，无论是以人们的读字方式还是以文字散点式排列，其间的信息都在以某种形式告知读者。

文字编排能够构成如下几种方向：水平的文字方向，可表现平稳、庄重的视觉感；垂直的文字方向，可表现严肃、庄重的视觉感；倾斜的文字方向，可表现动感、放射的视觉感；曲线的文字方向，可表现柔和的、浪漫的视觉感；散点的自由排列，可表现自然构成的、无序的视觉感。文字排列方向的多样化，是形成灵活、富有个性构成形式的基础要素之一，可选择一种文字方向的编排方式，也可选择多种文字方向的综合编排方式。不同的文字方向排列形式在使用时应慎用其中的对比与协调关系，这样既加强了画面形式美感，又使形式与主题内涵相统一。

### 3. 文字层次对比

文字的排列关系有：分离关系，即文字与文字形成距离，产生二维空间；并置关系，即文字与文字分离且并行；重叠关系，即文字与文字或叠压或透叠，产生前后关系。这种文字的对比关系在与字体大小、方向、面积对比搭配使用时，可产生空间、层次变化。文字与文字的并置关系，可形成画面的平面感、统一感、整体感，搭配大小、面积等对比编排，能够产生既整体、和谐又跳跃的视觉感；文字与文字的重叠关系，可使画面产生厚重的空间和层次关系，在文字的主次变化上可强化主题文字的醒目性，削弱补充说明文字的装饰和点缀性；若将文字间的排列关系组合使用，可在二维平面上形成整体空间层次感。在文字与整体画面的和谐使用中，应注意文字与文字的层次对比关系、文字与设计插图手法的一致性与跳跃的点缀性；还应注意文字与色彩要素的变化与统一，整合搭配使用。

### 4. 文字字体关系

包装设计中的文字字体多种多样，随着平面设计的发展，字体设计不断向前推进，不断有新的设计字体诞生。每款字体自身的字形都有其独特的特点，根据画面的表现手法与主题内涵的要求，有相适应的字体组合与之结合设计。

选择使用字体时，可以根据文字的数量与面积适当选择两种及以上与表现手法相统一的字体对比使用，组合版面既整体又灵活。字体的选择达到活跃、丰富画面的效果即可，不宜过多，否则画蛇添足。在特殊强化表现主题时，可单独设计主题文字，也可同与主题有关的图形字结合设计，既生动又深刻，起到画龙点睛的点题作用。单独设计的字形、字体或图形字与画面中的补充说明文字存在对比、协调、呼应关系，组合使用可彰显设计图形字的主题作用。

## 三、图形

包装设计元素中的图形是具有直观性、有效性、生动性的丰富表现力及标明个性的形象化语言，是构成包装视觉形象的主要部分。在激烈的市场环境竞争中，商品除了具有功能上的实用和品质上的精美的特点外，其外包装更应具有对消费者的吸引力和说服力，凭借图形的视觉影响效果，将商品的内容和相关信息传达给消费者，从而促进商品的销售。

图形作为包装设计的要素之一，具有强烈的感染力和直截了当的表达效果，在现代商品的激烈竞争中扮演着重要的角色。

(一) 图形的类型

图形主要分为写实图形、归纳 (具象) 图形和抽象图形三类。

1. 写实图形

写实图形是指借助摄影、绘画等手段，较翔实、具体地再现商品以及其他物象的图形，其特点是较直观、具体地突出产品的真实感并较好地完成产品说明的任务。

(1) 摄影。摄影能够真实并客观地还原物体在特定时空的原貌，既可以突出商品的品质，又能够直观地将其展现出来。同时，摄影可以对产品进行"写实"，也可以隐喻产品的特性，因此摄影被广泛应用于包装设计领域中。

通常最佳的摄影方式是利用高品质单反相机进行拍摄，以获取在精度、色彩、还原度等方面高品质的影像。随后还可以利用 Photoshop 等图像处理软件对获得的影像资料进行设计处理。特别需要注意的是照片的使用基础必须符合物体的真实性。

在使用标准照片拍摄时，要体现出精致完美的视觉效果。应充分利用灯光、特定的背景处理、最佳的拍摄角度等摄影辅助性元素来获取高质量的图像，同时，要保证拍摄对象与设计表达的主题协调统一。

(2) 商业绘画。在商业活动中，产品的展示以及向大众直观地传达商品信息是必不可少的商业行为，这其中同样包括企业整体形象。如此一来，选择一种理想的视觉传达方式或艺术表现手段便成为设计师们考虑的问题，而商业绘画是一种很好的选择。我们将其定义理解为：在商业活动中能够向消费者传递商品信息并激发消费者对于产品的浓厚兴趣及购买欲望，同时还能够进一步做到引领大众主流的消费潮流并成为大众生活中的时尚先锋，而为企业或产品所绘制的写实性插图类作品。

商业绘画是一种通过直观视觉形象来传达商业信息以及推广商业活动的图像化视觉传达形式，其所传达的内容简明扼要，活灵活现。

2. 归纳图形

归纳图形在设计理念上是趋于写实性的，但与写实图形的不同点在于归纳图形高度概括繁复的客观物象并加入创作者的设计理念，从而简化为形象鲜明、特征典型的图形。

（1）装饰图形。装饰图形的美仰赖于其图形的多样性。我们赖以生存的大自然是多样的统一体，我们可以从各种动植物、花卉、叶子的形状和色彩，蝴蝶翅膀、贝壳等大自然中的一切生命形态中捕捉灵感及设计元素。

装饰纹样构成的图形，其装饰性极强，具有很强的象征意义，同时也会突出产品的功能性。要注重装饰图形与文字设计元素的相互呼应。文字可以将产品信息更为直接地传达给消费者，图文并茂可以为消费者营造出一种象征产品特点与功能的抽象的艺术氛围，可以使消费者在愉悦轻松的氛围中得到商品的信息。

（2）创意插画。插画具有的隐喻性视觉效果使其自身独具美感及强烈的个性化风格。设计师以插画的表现形式做出的包装设计，能够使消费者领略并体验到一种自然的、富有鲜明个性的、表现力和趣味性十足的、纯粹性的美学效果。插画图案的线与块、面所形成的视觉对比、造型元素与标题的结合能够达到简洁而有趣味的视觉效果。设计插画时应注重图形氛围的营造，运用渐变、晕染、飞白等绘画性视觉效果处理来增加包装物的感染力，提升包装的视觉美感。插画与文字统一设计，将文字作为图形元素是整合形象的有效手段，使标题在告知功能上多了一些视觉个性。涂鸦式的文图结合，将包装的各个面作为故事叙述的载体，自由而随性的构图，充满活力的组合，洋溢着特别的情调。木刻纹理的插画图案增加了形象的原始意味，十分符合商品的定位，从而受到大众的广泛欢迎。

插画设计的视觉传达效果应该一目了然，避免过多歧义的干扰，能够使消费者轻而易举地理解所要传达的内容。人的某种特定的情绪因素是设计师在设计插画时的灵感来源。插画不同于摄影照片的真实效果，其目的在于通过插画图案来调动消费者的情绪，并引起消费者的共鸣，从而使包装的内在情趣实现外延，最终获得最佳的视觉传达效果。

3. 抽象图形

抽象图形是指以抽象的点、线、面构成的间接地对客观物象外部进行具体描绘的图案。

抽象是从自然界的一切事物中抽取共同的、本质性的特征，摒弃其非本质性的特征。例如，香蕉、西瓜、梨、橘子、桃子等，它们的共性是水果。得出水果概念的过程，就是一个抽象的过程。要抽象，就必须进行比较，没有对比就无法找到共同特征。

共同特征是指把一类事物与他类事物区分开来的特征，这些具有区分作用的特征又称本质特征，是一种具有排他性的组合与分离。

抽象的层面是基于哲学的角度。在平面设计中，抽象的形态无法直接感知，但为了作为造型的要素，就必须凸显其可见性。当然，此方式是相对于自然形态和人为形态而言的。

（1）几何形。几何形是抽象的、单纯的，一般运用工具进行描绘，从视觉效果上讲，理性占主导地位，缺少感性色彩。在现代工业发展的今天，理念的抽象形态被大量运用于建筑、绘画以及实用品的设计中，原因是其不仅便于现代化机器的大规模生产，而且与时代同步律动并体现浓重的时代感。

（2）有机形。有机形是指有机体的形态，如生物细胞等，其特点是圆滑的、曲线的、有生命韵律的内涵。

（3）偶然形。偶然形是指我们意识不到，偶然形成的图形，如白云、枯树、破碎的玻璃等。

（二）图形在包装上的传达特征

1. 直观性

文字是传播信息的局面形式，是记录语言的符号，如果不了解这种符号的规律，则看了也不解其意。图形是一种有助于视觉传播的简单而单纯的语言，这种直观的图形仿佛是真实世界的再现，具有可观性，使人们对其传达的信息的信任度超过了纯粹的语言。

2. 可知性

可知性是指在商品包装设计中，图形的建立能准确地传递出被包装物的信息，使消费者可以从图形中准确地领悟到所传达的意义，而不会造成误读的现象。

4. 吸引性

吸引性是包装图形设计的主要目标。图形设计的成功与否，关键在于能不能吸引消费者的注意，使其产生购买欲望。在琳琅满目的包装物中，消费者究竟如何选择涉及信息传递以及消费者如何接受等问题。一般来讲，人的眼睛是获取外界信息的重要器官。

(三) 图形在包装上的表现元素

图形设计的最终目的是以形象来传递信息。通过对代表不同词义的形象进行组合而使含义连接，进而构成完整的视觉语句，传达完善的信息。因而，在创意的过程中必须考虑如何以形达意的问题，努力创造出一种与想象相一致的、能有效传播信息的、新颖的外在形式。由于一个完整的视觉语句主要由形象元素组织构成，所以在图形的形式创造中，首先要注意的是收集与整理所需的表现元素，然后将这些元素构建成完美的视觉语句。

唯有独特的设计表现元素才能构成独特的视觉语句，才能成为一件新颖的设计作品。包装图形所运用的表现元素一般分为四个方面：线形、面形、纹理形、摄影形。

(四) 图形在包装上的运用模式

为了使顾客能直接了解商品包装的内容物，必须以图形的形式再现商品，以便对消费者产生视觉需求，通常使用方法有具象图形、半具象图形、抽象联想图形及包装结构的合理利用设计。

例如，食品等商品的包装设计，为了表现美味的真实性、可视性，往往将商品实物的照片设计在包装盒上，以便加深购买者对商品的鲜明的印象，增加购买欲。半具象图形则利用简化的图形设计睹物思情，可以使人看到此图形就联想到包装盒内存放的食品，如奶粉的包装在图形上应用牛的形象，橙汁的包装就可以在包装上使用橙子的图像。这些都是为了加强消费者对商品的印象，利用联想的方式让消费者认知商品。抽象图形不具有用感性所能模仿的特征，它是对事物和形态有了更深一层的认识后再转化的图形，所以不涉及一个具体的形象。在味觉商品、化妆品方面的包装设计中常运用此类图形。

图形在包装设计中的地位是不可估量的，它是设计中最重要的视觉造型要素，是商品广告策略的需要。商品包装图形的建立应该符合商品认识的特征，从而满足人们的心理和视觉的需求。

总而言之，一切优秀的、富有创意的图形设计都是设计师以外部世界及设计本身的情感体验为基础的。因此，不同的设计师在其长期的设计过程中，会形成一整套个性化的设计语言，在图形色彩的选择和搭配方面、图形形态和样式的创造方面，会表现出明显的个人特色。

## 四、插图

### (一) 商标与品牌形象的使用

包装艺术设计中最重要的元素之一是包装中的商标，也就是现在通常指的品牌。商标是商品生产者或经营者附加在商品表面或包装上，借以区别同类或类似商品的显著标志，是商业性的一种标志，是以精练的艺术形象来表达一定含义的或图形，或文字视觉符号。它不仅为人们提供了识别及表达的便利，而且具有沟通思想、传达明确商品信息的作用。

随着企业 CI 战略的出现，商标不仅作为商品的标记依附在产品上，而且担负着传播企业理念与企业文化的重任，并能与各种媒体相适应，成为现代商业市场品牌的代言。商标标志是包装品牌主要的视觉符号，是企业的无形资产，充分展现了企业文化和经营理念。商标是随着社会生产的不断发展而不断演变、发展起来的，通常由文字、图形或者文字与图形的组合构成。

1. 商标的分类

商标根据其结构可以分为以下几类：

(1) 文字商标，指由文字构成的商标。文字包括汉字、各少数民族文字、外国文字、汉语拼音、外文字母以及数字。使用文字的字样可以任意选择，但注册以后不能擅自变更。出口商品的商标，往往加上外文名称。在文字商标中，禁止使用商品通用名称和法律禁止使用的词语。

（2）图形商标，指由图形构成的商标。其特点是生动、鲜明、有吸引力。各种图形的选择由当事人决定，但禁止使用违反法律和违背社会风俗、道德观念的图形。

（3）记号商标，指由特定的记号构成的商标。其特点是简明、易记、醒目。但记号商标中不允许使用商品的通用标记。

（4）组合商标，指由两个或两个以上的文字、图形或记号结合构成的商标。这是采用最多的商标形式。

商标还可以包括以下类别：服务商标，指企业以自己的标记、名称登记注册的商标；集体商标，指由一个集体组织所有及其成员可以共同使用的商标，其使用的条件及侵权应负的责任一般要求专门订立章程，报请备案；证明商标，指商品的质量已经过鉴定，保证或证明其质量等级的商标；驰名商标，指商标本身声誉卓著、影响面大，是众所周知的商标。

此外，还有联合商标、立体商标、音响商标、派生商标、备用商标等。无论哪一种注册商标，根据中国《商标法》规定，都应当标明"注册商标"或者注册标记，如采用"R""注"等符号。

2. 商标的基本特征

商标具有以下基本特征：

（1）识别性。商标是商品的标志，因此必须具有显著特征，易于识别。

（2）排他性。商标是生产者和经营者的无形财产，能够产生价值，因而不允许其他人侵犯或侵害，不许出现混淆和误认。

（3）竞争性。商标可以通过树立信誉、标示商品的质量、在市场上向消费者提供商品产地，使消费者得以认牌选购，从而使商标在竞争中处于优势地位。

（4）固定性。商标经过国家商标局注册登记后，其文字、图样及使用的商品范围均不得随意变动。如需变动，必须按法定程序申请，否则将不受法律的保护，还可能因此而侵犯其他人已注册商标，构成侵权行为。

（5）象征性。商标采用暗示、隐喻、联想和烘托等手法，可表达某种抽象的概念或思想感情。

(6) 审美性。商标标志的图形、文字、色彩设置给人的第一视觉印象要有美感，不管是意义和形式都要符合审美要求。

3. 商标标志设计的要素

(1) 商标的命名。好的商标必须有个好听、易记、能体现商品与企业内涵的名称。商标命名应尽可能少选用生僻词汇，既要特色鲜明，又要有时代气息，便于传播。

(2) 商标的造型元素。商标的造型元素一般有点、线、面、体、综合式五种。造型要素的选择要根据企业品牌的属性特点，多种造型元素综合选择时要注意统一性，避免过于琐碎。另外，还可根据企业品牌的名称含义，选择图案化、卡通化、拟人化、几何化、插图化、摄影化、文字化、动感化等造型形式。

4. 商标标志的表现形式

商标标志的表现形式分为具象表现形式、抽象表现形式和文字表现形式。具象表现形式，是指以人体、动植物、器物、自然造型等为基础造型的图形。抽象表现形式，是指以圆形、方形、三角形、多边形、方向形为基础造型的图形。

(二) 创意图形的使用

创意图形是众多设计中常用的表现手法，它传递信息，被人记忆的速度比文字快，因此它的表现更直观、有力且持久。创意图形的特点是：具有深刻性、表达准确、个性鲜明、审美性强、简洁明快。创意图形通过形与形的联想、事与事的联想、形与意的联想以及不同环境、事件、情节之间的联想和想象机制完成，贵在平中求奇，把平凡的事物变成不平凡的事物，把常见的状态变成不常见的状态，融智慧性、趣味性和简洁性于一身，具有准确、生动、奇妙的视觉效果。

(三) 肌理底纹的使用

肌理是指物体表面的组织纹理结构，即各种纵横交错、高低不平、粗糙平滑的纹理变化，是表达人对设计物表面纹理特征的感受。它有着各种各样的组织结构，或平滑光洁，或粗糙斑驳，或轻软疏松，或厚重坚硬。这种种物体表面的组织纹理变化，使之形成一种客观的自然形态（即肌理），从而给人以不同的视觉感受。肌理底纹与色彩、线条一样，具有造型和表达情感的功能。

## 五、色彩

包装设计的色彩依附于图形、文字和肌理，不仅要求美观、大方、满足人们的审美要求，而且应与人的心理感受保持谐调一致，可以说色彩是包装设计的关键。色彩对消费者的心理也具有一定的影响，它能左右人的情感，成功的色彩设计往往能使人产生愉悦的联想。因此，色彩在商品包装中起着非常重要的作用。

（一）包装色彩的特性

1. 整体性

包装设计的效果最终由色彩体现。单个包装的整体色彩处理要体现陈列在货架上的视觉冲击力，因此，用色要尽量明快、简洁，纯色比混色对比度强，套色少比套色多更醒目，能用两色就决不用三色。

2. 功能性

形象色的功能是一看色即知包装为何物。象征色，如标志色、标准色等，其功能是色彩的个性能够象征产品及企业特点。

3. 情感性

有的包装色彩根据消费心理而决定。优秀的包装色彩会给人以清新、明快、热烈之感，或给人以典雅、高贵、朴实之感。

色彩情感性定位的根据是消费群心理和设计家心理的统一。色调的明度给人的心理感觉具体为：明调，给人以亲切、明快的感觉；暗调，给人以朴素、庄重的感觉；灰调，给人以含蓄、柔和的感觉；暖调，给人以温暖、热情的感觉；冷调，给人以清凉、沉静的感觉；等等。

4. 特异性

从信息的角度来讲，包装色彩的作用一是要迅速传递商品信息；二是要防止市场上的信息干扰。为此，在包装设计中，有时为了"货架冲击力"

可运用"不合常理"的特异手法。流行色也曾影响到商品包装，当然，必须明白"流行"的误导问题，所以"赶时髦"的包装设计往往是不成功的设计，就是这个道理。

5. 识别性

缤纷的色彩因在色相、明度、纯度上具有差异性，从而形成了各自的特点。将这些特点运用在包装上，有助于消费者从琳琅满目的商品中辨别出不同的品牌。

6. 促销性

好的商品包装色彩会格外引人注目，因为色彩是直接作用于人的视觉神经的因素。当人们面对众多商品时，能瞬间留给消费者视觉印象的商品必然是具有鲜明个性色彩的包装。

(二) 包装色彩的技巧

包装设计时色彩技巧应该注意以下几点：一是色彩与包装物的照应关系；二是色彩和色彩自身的对比关系。这两点是色彩运用的关键所在。

1. 照应

色彩与包装物的照应关系主要是通过外在的包装色彩揭示或者映照内在的包装物品，使人一看外包装就基本上感知或者联想到内在的包装物品为何物。对于这个问题，笔者曾多次在过去的文章中提到过，但是如果我们走进商店往货架上一看，就会发现不少商品并未体现出这种照应关系，导致消费者无法由表及里去想包装物品为何物。当然，这样的包装也就对商品的销售发挥不了积极的促销作用。正常的外在包装的色彩应该不同程度地把握这个特点。

2. 对比关系

色彩与色彩的对比关系是在很多商品包装中最容易表现却又非常不易把握的事情。在出自高手的设计中，包装的伤口效果就是"阳春白雪"，反之，就是"下里巴人"了。在中国书法与绘画中流行这么一句话，叫"密不透风，疏可跑马"，实际上说的就是一种对比关系，表现在包装设计中，这种对比关系非常明显，又很常见。所谓对比，一般有以下几类，即色彩使用的深浅对比、轻重对比 (或叫深浅对比)、点面对比 (或大小对比)、繁简对比、雅俗对比（主要是以突出俗字而反衬它的高雅）、反差对比等。

（三）包装色彩的把握

当人们看到一种有色彩的产品时，色彩作为一种刺激感觉的要素，能唤醒一个人的知觉，使人产生各种不同的感情、感知。包装设计师首先应该是熟练掌握色彩要领的人，色彩的合理、巧妙运用会使产品的味觉、触觉，如冷热、酸甜、苦辣等刺激性感觉体现出来。对包装色彩应从以下几方面把握：

（1）主观色彩，即个人主观的色彩认识。由于个人的理解不同，可能偏向于不同的色调，必须考虑不同地区、民族的色彩风格等因素。

（2）客观色彩，即多数人对色彩的普遍认识。例如，蓝色给人以冷的感觉；红色、黄色给人以暖的感觉；装饰品常用的紫色、金色、红色给人以华丽的感觉；女性用品、丝巾常用的蓝色、紫色、黄色、绿色等给人以轻柔的感觉；文化书籍常用的暖灰色、冷灰色等给人以朴素的感觉；圣诞节、春节等采用的节日欢快色彩则给人以兴奋的感觉。

（3）各国色彩喜忌。如中国人喜爱红色、黄色、绿色色，不喜欢黑色、白色。日本人喜爱红色、白色、蓝色、橙色、黄色，禁忌黑白相间色、绿色、深灰色。在日本，黑色用于丧事；红色用于举行成人礼和庆祝大寿仪式；蓝色意味着年轻、青春，表示小孩子将走向社会开始生活；白色是表示纯真和洁白的颜色，神官和僧侣穿白色的衣服会给人以洁净感，在表示身份地位的色彩中，白色曾作为天子服装的颜色。

（四）色彩的对比与调和

自然界的色彩，充满着对比与调和的辩证统一关系。"对比"与"调和"是画面上处理色彩常用的手法，"对比"给人以较强烈的刺激感觉，"调和"则给人以协调统一的感觉。色彩本身没有"灵魂"，好比"红花虽好，绿叶相扶"。色彩的对比一般指两种以上色彩进行组合，并研究其变化以及特殊效果。色彩调和这个概念和一般事物的调和概念一样，有两种解释。一种是指有差别的、对比着的色彩，为了构成和谐而统一的整体所进行的调整与组合的过程；另一种是指有明显差别的色彩，或不同的对比色组合在一起能给人以非尖锐刺激的和谐与美感的色彩关系，这个关系就是色彩的色相、明度、纯度之间的组合的"节律"关系。色彩的对比包括色相对比、明度对比、纯度对比以及冷暖对比。

(五) 色彩的主调与层次

人在同一视觉所触及的范围内，由于色彩的面积比例不同从而会产生不同的对比与层次效果。在绘画作品以及包装视觉传达设计中包含主调及主色的设计元素。当两种颜色以相等的面积比例出现时，这两种颜色就会产生强烈的冲突，色彩对比自然强烈。如果将比例变为 2 : 1，一种色彩的表现力就会被减弱，当一方的扩大足以控制整个画面的整体色调时，另一方只能成为这一色调的点缀陪衬，此时色彩的对比效果很弱，并转化为统一的色调。也可以通过两个色相邻近的颜色组合来形成一种颜色倾向作为一种主调，如红与橙，橙与黄，蓝与绿，绿与紫等。"万绿丛中一点红"表达的就是此种含义。没有主调就会让人感觉眼花缭乱，分辨不清。

主色调与配色的关系协调很重要。这就要求设计师组织好画面中各个颜色的主次关系。此外，为了使包装图案富有层次感，需要注意颜色间的明度关系，不要让人产生乏味、平淡的感觉。

(六) 色彩的情感与联想

色彩对人的大脑及精神均能产生影响。色彩的象征力、情感、知觉等心理因素是客观存在的。人对色彩的感觉是主观的，是客观世界引起的主观反应，大自然的光线作用于人眼，从而产生不同的色彩，再经由视觉神经传入大脑，经过思维，经过记忆及经验产生联想，从而产生一系列的色彩心理反应。当外在的色彩与我们的记忆和经验产生某种共鸣时，我们心理上的情绪就产生了。

## 六、包装视觉传达要素之间的关系

(一) 图形与文字的排版设计

1. 文字与设计插图组合使用

文字与设计插图组合使用时有三种形式：

（1）文字在设计插图之上编排，即设计插图衬托文字。这种形式可彰显、强化主题文字的重要视觉效果或增强文字版面编排所表现的力度，以烘托文字为主，在摄影语言表现的包装设计作品中较为常见。

（2）文字与设计插图绕行编排。这种形式既可以文字绕行设计插图来表现两者之间的相互关系，使文字与设计插图和谐地融为一体表现主题；又可以文字与设计插图的对位关系来表现，使文字以设计插图为中心点向外放射编排，分割画面的空间，具有一定的动感和视觉张力，有些冲击力主体形象的摄影语言、单独的图形语言采用图文结合，既可丰富、点缀、装饰画面，又可增强视觉语言的形式感。

（3）文字衬托设计插图。有些设计采用文字为背景来烘托设计插图，以图形、图像为主强化表现画面，通过文字的视觉编排或肌理应用，彰显了图形、图像的视觉张力和冲击力，此类编排大多强调表现图形、图像的主体视觉语言。

2. 文字与设计插图分离使用

文字与设计插图分离使用时有三种形式：

（1）表现手法一致。此形式中，字形设计及文字编排组合与图形、图像的表现手法和谐呼应。例如，设计插图语言采用了肌理叠压的编排形式，其字体组合也采用此类表现手法的视觉语言或以此种语言为主与之相呼应，集中优势发挥出更大的视觉传播力量。

（2）形式语言相呼应。例如，设计插图采用动感的形式语言，其文字组合也采用动感或以动感为主的形式语言与之相呼应。字体组合本身的对比与和谐关系以及文字与设计插图视觉要素的对比与整合关系，既是小对比与小和谐关系，又是整体的大对比与大和谐关系，其中，视觉语言大与小的处理既需要驾驭设计画面整体存在视觉语言的形式，又需要表现部分视觉语言的局部关系，和谐的局部表现与和谐的整合必然使整体画面和谐。

（3）形式语言相悖。有的文字编排形式语言与设计插图形式语言既整体和谐，又不乏跳跃与相悖之美，万绿丛中一点红，和谐的点缀使画面整体跳跃又亮丽。若画面设计插图语言的整体风格动感或张扬，其间也需要部分文字语言和谐与稳定，使画面乱中有序、稳中求进、放中有收、粗中有细。

(二) 设计插图之间的排列设计

1. 单一视觉形象的外部形态与内部结构的关系

单一视觉形象简洁化的造型易抓住观者的视觉，视点集中。应注意其外部形态的处理，抓住主要特点进行简化、规范、概括、夸张等，多余、烦琐、复杂的部分应弱化处理以强化主体特征，针对主体形象处理其大小、曲直等边缘问题；单一视觉形象的内部结构应抓住主次对比关系协调整合，使之在单一整体的和谐统一中求变化。

2. 多个视觉形象之间的关系

(1) 主从关系。当包装作品中出现多个图形、图像表现主题或者需要多种插图语言进行对比时，需考虑各图形的大小比例、图形构成语言的大小对比关系或秩序化、散点式等形式语言；若切入画面时，需考虑图形分割边框的比例；若图形完整呈现画面时，需考虑图形与画面底图的大小比例关系以及图形与图形之间的大小、方向比例关系，应适当强化图形的视觉要素以加强视觉冲击力，或强化底图 (例如负形等语言) 以加强表现主题的深刻性；若图形之间产生分割对比构成关系时，需考虑分割的大小比例关系以及分割比例关系在画面中形成的构图及版式。

多种图形、图像的存在产生了其间的对比和主从关系，既要强化主要形象特征，突出表现主题，又要使次要形象以点缀的方式存在于画面，烘托主要形象以进行更好的视觉传达。若处理不好多种视觉形象之间的矛盾，则会产生画面凌乱无序、各自独立、争先表现等散乱的局面，不能很好地完成信息的传递。

(2) 并列关系。多种语言同时存在时，也可以将其并置于画面之中产生对比，使画面产生较为规范的梯格式填充构图或较为秩序化的效果，使各视觉元素有序存在，犹如音乐的旋律或阶梯一般。并置存在的设计插图若是机械地制图或处理不好，容易产生画面僵硬、呆板或者过于严肃的视觉效果。

(3) 渲染、装饰、美化。多种语言同时存在时，有时由于画面横向及纵深空间较为复杂，也可以通过不同表现手法或者肌理语言描绘多个设计插图以渲染、装饰及美化画面。多种语言综合表现，看似各自独立、挥洒自如，或是肌理表现天马行空、虚实相生，实则整合、浑然融为一体，可产生画面渲染的氛围，装饰、美化整体形象。

（三）设计插图与色彩的设计

（1）因类赋色，客观表达。色彩即是设计插图的外衣，插图穿上色彩这一外衣，增添了活力，渲染了氛围，赋予其鲜活的生命。设计插图需根据具象特征量体裁衣，因类赋色，表现主题。

（2）表现情感，渲染画面。若设计插图是抽象表现画面或单一用色彩表现设计师的情感，则需要对色彩再创造表现。有时使用黑白极致对比以增强画面视觉力度，有时应用抽象色彩对比或错视以增强画面的渲染力度，针对不同的主题应采用不同的色彩运用加以表现。

# 第二节　包装设计的形式美规律

在这个信息化的大众传媒时代，如何吸引大众的目光，对于信息的传达而言是至关重要的。一件成功商品的包装必须有能够抓住消费者的闪光点，这个闪光点就是包装设计的精华。有秩序、有规律的图形组合和编排方式通常能够被视觉所接受，从而产生视觉美感。良好的包装设计必须灵活运用形式美的法则，运用对称与均衡、节奏与韵律、对比与调和、多样与统一等基本的构图手法来组织设计要素，以达到最佳的视觉效果。

## 一、包装设计的形式美审美特征

包装设计的形式美审美特征决定着包装设计的具体功能，并且促进包装设计的形式艺术集中体现出来。形式美的审美特征有：包装设计形式美的整体性表达、商品设计信息的准确表达、形式美的民族性与时代发展的结合性、形式美与实用功能之间的和谐统一。

（一）包装设计形式美的整体性表达

包装设计形式美的整体性是指各个形式要素和谐统一，审美趣味一致。美国学者曾说过，当一个形象能够给人以快感时，那么它必定具有统一的多样性。包装设计形式美的整体统一，也是如此，在形式设计上需要各要素关系统一中富有变化，变化中追求统一，如自然环境一般既有整体性也有多样性。包装设计的信息虽然是无声的，但是在整体形式设计上却能够给人以强烈的视觉效果。实现包装设计形式美整体性表达的方法有：

(1) 包装商品风格、方向的确定；

(2) 包装图形设计；

(3) 包装设计色彩处理；

(4) 文字表达。

(二) 包装设计准确表达商品信息

对于商品进行包装设计，旨在将商品的信息完整表达出来，使得消费者了解到该包装设计中的商品是什么。也就是说，包装设计需要描述商品信息，展现商品的优点，并且实现商品的精准定位。要想精确描述商品，可以借助包装材料、造型、色彩、文字、图形要素，整体调整，将商品包装形象展示出来。

(三) 包装设计形式美的民族性与时代性相结合

民族性是指一个国家、一个民族在发展历程中，应用语言、发展经济、发展文化所形成的政治、经济、文化、艺术、民俗的共同体。而时代性是指在当今社会发展进程中，文化、政治、经济、消费习惯、审美等与时代发展相互结合所表现出来的特征。包装设计形式美在符合社会经济发展规律的基础上，还需要实现民族性和时代性的相互结合。

(四) 包装设计形式美与实用功能之间的统一

包装设计的形式美和实用功能二者存在密切的联系，商品的实用性，实际上就是客体的某种功能体现，与人的实际需求相吻合。包装设计作为产品安全流通、促进产品销售的手段，自身的设计与实用性不可分。从另一个角度分析，随着人们的精神需求逐渐提升，对于事物的审美水平也逐渐提升。商品设计的实用性设计符合消费者的审美需求，实际上就是包装设计形式美与实用功能相互统一。

## 二、包装设计中的形式美规律解析

### (一) 对称与均衡

"对称"这一名词可以追溯到远古时代的自然界。我们的祖先发现了动物的身体和植物叶脉都有对称性这一奇妙现象。大自然中的一切似乎都按照对称这一法则存在着。而包装中的对称是指商品包装中的视觉元素以一条线为中轴，左右或上下两侧均等。对称的构图会将消费者的视线自然地吸引到对称中心并使其具有端庄、稳定、整齐的特点，使人们的心理产生和谐的美感及静态的安定感等。在很多传统工艺品、高档化妆品与酒类商品的包装设计中，往往会使用这种构成方法。对称的缺点是容易出现单调和呆板的视觉感，因此在设计过程中设计师需要做出适当的变化，做到不拘于对称的形式，使之成为一个整体对称感较强的理想包装作品。

包装中的"均衡"是指两个以上要素之间构成的均势状态，如在包装材料的质地、轻重、大小、包装图案的明暗或色彩之间形成的平衡感觉。均衡是人们在审美活动中所获得的生理的和心理的力的均衡，它强化了事物的整体统一性和稳定感，在静中趋于动。据格式塔心理学中的阐述，物体之间的组合最终会形成一种"力的图式"，而均衡的"力的图式"能给人带来强烈的美感。

从形式上来说，包装的均衡较之对称而言更为自由活泼，富于变化。均衡的形式主要是掌握重心，使画面中形式美的各种感性元素达到互相呼应和协调一致，具有动静变化的条理美、形态美。

均衡虽然不会给人绝对平衡的感觉，但由于中心在包装的中部，消费者视线的分布还是比较平均的。现代包装设计中，设计师有时会有意识地打破视觉上的均衡，加入不和谐的因素，造成矛盾冲突的视觉效果，通过营造紧张不安的气氛，从而使消费者记忆深刻。

总而言之，包装中的对称与均衡，是消费者对商品包装中各种组成元素之间视觉平衡感的判定，人们通常会在心理上追求一种平衡和安定的感觉，这属于美学研究的范畴。

(二) 节奏与韵律

节奏与韵律是形式美的共同法则，是互通的。节奏是指以同一视觉要素连续重复时所产生的运动感，通过点、线、面的大小疏密排列组合以及色彩的对比调和形成韵律。

点、线、面、体、色彩、肌理等视觉要素在包装设计中可以构成丰富多彩的节奏形式，使之产生音乐、诗歌的旋律感。从包装的平面构成要素来讲，构成中单纯的单元组合重复趋于单调，有规则变化的形象或色彩排列具有积极的生气，有加强魅力的能量，随之便形成韵律。

包装设计中所体现的节奏应作为其内在韵律的基础，而韵律恰恰是节奏的升华和提高。这一节奏的升华具有感情因素和抒情意味。节奏和韵律在包装设计中得到了广泛的应用，在设计过程中若能灵活多变地掌握节奏与韵律的规律，如在形体和结构上的渐大渐小、渐多渐少、渐长渐短、渐疏渐密，在色彩上的渐冷渐暖、渐强渐弱、渐浓渐淡等，人们就能通过包装作品获得犹如品味音乐般的美感。另外，在设计中不同的商品类型要求具有不同的节奏韵律感。

总之，艺术的节奏与韵律来源于自然和生活。只有亲身感受自然，体验生活，才能把握好艺术设计的节奏与韵律。

(三) 对比与调和

1. 对比

由于包装设计元素在客观上表现出的差异性，设计者往往通过强调某种元素组合特性来达到其所想表达的视觉传达效果。

对比是利用多种设计元素的比衬来达到明确产品包装的主次方向感，通过包装图案的虚实感及质感的表现力，从而产生强弱分明的视觉效果。

对比所强调的差异性在产品的包装上会产生某种变化的美感，从而避免了单调、呆板的视觉感。为了吸引消费者的眼球，使其目光能够尽可能多地停留在商家自身的产品上，包装设计就要具备较生动并富有显而易见的令人印象深刻的设计特点。

总之，包装设计中的适度对比无论从形态上的差异、色彩变化还是空间层面的虚实感而言均要实现一种十分协调的变化中的统一。

2. 调和

调和的目的在于化解美的组成元素各部分之间及其质、量方面产生的矛盾，同时使之秩序井然。成功的包装设计必是一个和谐变化的整体结构，其所触碰到的消费者的内心情感或情绪应该是愉快、怡然、动静平衡、温和的。

(四) 多样与统一

在包装设计中，多样性强调了各视觉要素间的个性和差异，统一则着眼于设计作品的整体一致性。多样与统一是形式美的最高法则，是对形式美中的对称、均衡、对比、调和、节奏、韵律、比例、尺度等规律的集中概括和总体把握。

任何造型艺术都由不同部分组成，各部分之间差异化色彩较浓，这就是多样；然而各部分之间却又隐含着某种密切的联系，捕捉这种内在联系并以一定的规则将各部分有序组合，求同存异，使其成为一个有机的整体，我们便称之为统一。在包装设计的过程中设计者要遵循的原则是寓多于一、多统于一。

多样与统一只要在"度"的层面上做到处理得当、稍有变化就会使作品富有灵动的气息，大致的统一就会带来和谐的美感。美不是"平均值"，美不是"相似体"，美就是独特的，与众不同的。

多样统一法则同样被应用于系列化包装设计中。系列化包装是国际包装设计中颇为流行的一种形式。它具有同类而不同品种、不同规格的商品包装的特点，并采用局部变化的色彩、文字与形象，而整体构图完整统一的设计方式，将多种商品统一起来，并以此来增强商品的整体形象，树立品牌和产品信誉。包装系列化设计正好符合了多样统一的形式美规律。

总体来讲，包装设计的整体是由众多局部组成的，每一个局部的设计都要考虑它在整体中的作用，力求达到变化与统一的完美结合。

(五) 虚实与疏密

在包装设计中为了凸显主体使之成为视觉焦点，通常会利用设计元素的清晰与模糊、明确与含混的对比关系，将主体元素设计为实，其他辅助设计要素处理为虚。此种包装设计理念我们称之为虚实对比。疏密是自然界中物体形态的存在形式，被人们广泛地运用到人类生活的各个方面。

在包装设计中，疏密反映着设计元素间的聚散关系，这种不可或缺的构图规律赋予了图形一种协调的美。就人眼的视觉功能而言，其不可能在同一时间内看到处在不同位置上的图形元素，而在同一视觉内的物象人眼也只能识别靠近焦点的部分。因此，应合理地调动图形的大小比例、文字的间距及大小、色彩等诸元素形成视觉中心。如果不去考虑画面中的产品名称，图形文字疏密的布局，将设计元素杂乱无章地堆砌，产生密密麻麻的视觉效果会使消费者一头雾水。此时便需要考虑空白的虚空间，不同的留白给人以不同的视觉感受。采用虚实与疏密的包装设计理念主要的目的是将消费者的视线引导到商品包装上最重要的地方，以达到突出商品包装主题、其他辅助设计元素用来增添包装的艺术美感的目的。如此一来，主次有序的商品包装设计整体会给人以含蓄、隽永、意味深长的想象空间。

设计师如何灵活运用包装设计中的构图方法显得很重要。如果执意地去追求以上这些形式美规律，就会导致其作品枯燥乏味、失去活力，如同绘画失去了意境，音乐失去了灵魂。

对设计师而言，捕捉潜藏在形式里的鲜活的生命力，并将其赋予静止的物象，使其动态平衡，结构有序，在对称中寻求不对称，简约中寻求丰富，统一中有变化，节奏与韵律并存，虚实相间、疏密有序，努力探索其中奥妙，才能不断提高设计水平。

## 第三节　包装设计中材料的美学属性

包装作为现代商品的"外衣"，成为商品生产、运输、销售过程中不可或缺的视觉传达载体，逐渐与商品融为互补的一部分，不断受到各界的关注。包装材料作为商品包装设计中的介质和主体，成为包装设计的关键环节之一，直接影响到整个商品包装的功能展现、生产工艺、加工方式、投入成本、废弃后的回收利用等环节。现代消费者越来越多地重视情感价值和精神享受，并逐渐开始追求包装及材料所表现出的美学体验。包装材料的美感程度在包装品消费中对这种感性消费认知的影响逐渐增强。为提高包装设计产品在市场中的竞争力，设计师们也急切地想掌握在感性消费方面现代消费者的消费心理与材料美的关系，并将其应用到包装设计中。本节重点介绍包装设计中材料的美学属性。

## 一、包装设计材料剖析

包装材料在包装设计中的应用与商品特点、品牌构建、企业内涵有着一定的联系，优秀的包装是创意与材料的合理组合，是形式与内容的有机统一，是物质与精神的和谐相融。

### (一)材料与包装设计的关系

包装材料为制造包装容器、包装和印刷、包装与运输和其他符合包装的产品要求而选用的材料。包装材料的选择与使用要考虑包装的各种因素，例如，食品的包装应无毒无异味，物理特性和化学特性要稳定，与食品之间不会产生化学类的反应。对需要防潮湿的货物的包装，包装材料要具有良好的隔离与防水性能。如果所包装的是一个脆弱易损的商品，材料应坚定且不易被改变形状。此外，我们要考虑包装材料运输过程中、销售摆设、商品市场需求等因素。

在包装设计的过程中，材料与包装有着非常密切的关系，从包装开始前的设计到选择材料，再从选择材料到确定设计的思路，能够引起设计师很多共鸣之处。在对包装材料的选择以及融合的过程中，从包装材料上一般能够了解到设计师的设计风格以及个人的感情情况。因此，材料是对于包装的一个延伸与升华。

包装设计是技术性的学科，也是高度综合性的学科。它不仅是一种艺术学科，更是科学技术学科。它还涵盖了设计学、材料科学与工程、社会市场学、营销管理学、消费者心理学等多领越多方面的知识。它除了能够使产品具备安全性与审美性，也是意见强大的营销介质。包装设计是指选择合适的材料，使用某种技术，为产品包装进行容器结构设计，形状与装饰的美化。

（二）包装设计材料的种类

包装材料是为了满足包装需要所用的材料，是实现包装造型的一种物质媒介。随着科学技术的不断发展，新材料、新工艺技术的发明创造，可供用于包装的材料越来越多，既有"新、奇、异"的高新材料，也有传统的包装材料。在包装设计的过程中，大体可以把材料按照其使用主次划分为主要包装材料和辅助包装材料。

1.主要包装材料

现在可用于包装设计的材料十分广泛，目前现有包装设计材料最常用的有纸、塑料、金属、木材、陶瓷、玻璃、竹材、橡胶、皮革、布料、纤维材料、复合材料等。设计师对包装材料的熟知是包装设计工作展开的基础。

2.辅助包装材料

辅助包装材料是包装设计材料的重要组成部分，是在进行包装过程和包装造型中起辅助作用的材料。设计中常被使用的辅助包装材料有：烫金材料、胶粘剂、油墨及涂料、防锈防腐防潮材料、封缄捆扎材料等。

（三）包装材料的重要性

材料是设计中一个永恒的主题。材料是人类生存、制造的基本，经过追求更好材料的物理特性和功能，人们用制造活动来满足更多需要。材料的外在特性在包装设计的外在样式应用方面具有特别的表现力，并起着直接有效的作用，想让包装产品更具艺术特色，需要对包装材料的美学充分地认识和掌握，再应用到包装设计的各个环节。很久以前，人们就注重实用与审美完美结合，认识到了在造物设计中材料的重要地位，论证了在设计中感知材料美的重要性，也对选材美有相对深度的认知。

对于包装设计而言，包装材料的使用不仅是其物质基础，也是美学研究与应用的重要内容之一。科学技术的日益发展，材料丰富多样，为包装设计材料的选择与应用给予了极大的需求空间，有人造材料、天然材料、复合材料以及单一材料，这些在包装的技术方面有了广阔的应用发展。包装材料除了应遵循的实用性、经济性、效率性和科学性等原则之外，这些原则还应体现在色彩、质地、功能、结构等方面，更重要的是要呈现出商品的独特性和以上要素的整体性。因此，包装材料的选择与美学的应用是包装设计中重要的一部分，并且直接影响着包装的形象。

## 二、包装设计中材料的美学

包装设计的美学涉及功能、科学、技术三个方面的美，但根据包装的流通性强的特点，包装材料所体现出来的美包含自然属性、科技属性和社会属性三个方面，具体表现在自然之美、功能之美、结构之美和生态之美四个方向。例如，木制包装商品很好地运用木材材料，能够给人留下绿色、天然、亲昵的感觉；纸的包装材料，会给人一种细致、朴素、优雅的感觉。

## 三、包装设计中材料的美学性能

根据包装设计材料的发展历程、适用领域，以及所表现出来的自身特性、功能特性，生产加工过程中的工艺特性，给人们所带来的情感特性，尤其是当下以及未来都关心的生态要求，包装设计中材料的美学性能主要包括自然属性、科技属性和社会属性三个方面。

### (一) 自然属性

包装材料美的自然属性是指材料本身具备的属性，包括材料的生命特性、真实性以及引起人们对材料自身的情感联想性。材料的生命性是材料的自然特性之一，是指材料本身固有的色彩、质地、气温等特性，不论是竹木、皮革等自然材料，还是诸如塑料、金属、陶瓷、纸张等人工材料，这种特性彰显出材料的生命力。

包装材料具有的真实特性，是指材料能够表现出材料固有的本质美。现代许多包装设计的材料都要经过刻意的加工，表现出了丰富的效果，但这样设计的价值却不一定真的提高了，会给人一种虚假的感觉。

包装材料的情感联想性会使人产生许多联想，根据材料想到相对应的感情色彩。

### (二) 科技属性

包装材料的科技属性包含材料的工艺加工、结构制作、材料研发、功能展现等。不同的材料具有相对应的加工工艺性，不同的材料结构需要不同的材料选择，不同的材料具备不同的包装功能。包装设计材料的选择与确定需要考虑包装所需要的功能，也就基本确定了包装的加工方法、加工设备，需要相对应的成型结构。包装材料的科技属性还随着新的材料的出现不断丰富，新的科技材料在实际应用时，需要设计其对应的结构和加工工艺。

(三)社会属性

包装材料美的社会属性包含生态性、情感交互性、功能性。材料的生态性即材料的绿色环保性，材料的选择与使用要注重可持续发展的社会道德和责任。许多国家与地区都在倡导"绿色设计"，注重材料生产、运输、加工、使用的环保性，生态绿色的材料是人类保护生态环境、达到材料工业可持续性发展的必需途径。考虑包装材料整个循环过程对生态环境的影响以及人类、社会、自然三者之间的相互影响。材料的生态美是包装设计必须考虑的，其核心在于材料的可循环利用。

包装材料的情感交互性是指消费者与材料之间的友好关系，材料对人所需的物质与精神上的关怀。就消费者的情感感知而言，传统的包装材料所带来的感染力要比多数的新兴材料强大。在充满古典与质朴的氛围环境中，自然材质要比人造材质更加具有优越性。因此，在包装设计的材料选择时，需要将材料的社会心理意义作为重要的参考，有时可能会对设计成果的合理程度起着决定性作用。

包装材料的选择要充分地考虑所包装商品的使用性能，材料所体现的功能不单单是材料表象的实用功能，更包括人们通过材料在精神上享受到的愉悦。这些一方面与材料自身固有的呈现出的气质息息相关，另一方面与材料组合的感性形式整体散发的形式美有关。

另外，技术与艺术一直是密切相连的，材料的研究学者亦在探求材料散发出的艺术之美。技术美是介于自然美与艺术美之间，它通过材料的加工工艺、形态样式、功能呈现出来。包装中较少地使用玻璃，是因为玻璃的使用安全性能较差。但是，硬纸板、塑料、竹木、金属等则成为包装设计首选的材料。

# 第三章　包装设计的工作程序

　　包装设计的运作过程其实是人类一种有意识、有计划、有步骤、有目的的具体行为过程。从最初的意识开始，一直到设计实现，都应通过系统的思考，寻找一种合理的解决途径，作为包装设计的指导方针。掌握包装设计的步骤，不仅有利于掌握正确的设计方法，而且是取得有效设计的关键因素之一。本章即详细介绍包装设计的具体工作程序。

# 第一节 商品包装设计的前期准备

商品包装通过各种要素组合所传达的并不是要求设计师从单个产品包装出发来实现产品的保存、运输、销售、携带等基本特征和商品名称、内容及其品牌的介绍，而是要求设计者能从商品包装的环境、分区、展示等整体进行系统策划准备，使得设计业务顺利展开。在整个商品包装设计的过程中，前期准备必不可少，本节即对此做出剖析。

## 一、包装设计的业务开发

怎么才能找到需要包装设计的客户呢？在这里，行业的大判断很重要。

一个水泥生产企业可能永远和包装设计师无缘，但是一个糖果生产企业，可能会设立专门的部门来统管包装设计。所以，我们首先应该对潜在客户可能的"隐藏位置"进行分析。我们可把客户群划为 A、B、C 三种基本类型。

A 类客户，是指其商品的销售很大程度上需要依赖包装形象的客户，他们通常会重视并大力投入包装设计。因此，这些行业应该作为我们重要的业务发展方向。主要包括女性商品、儿童商品以及提升消费品质或者营造消费氛围的商品，如儿童的食品、玩具、书籍等；体现较好生活品质的烟、酒、茶、日用品；节庆礼品与用品；化妆品；女性用品，等等。这些行业的商品通常也具有感性消费的特性。

B 类客户，主要指中小企业或新品牌。这类企业往往因为资金原因或者品牌效应较弱，以及缺乏广告宣传的支持，其产品的销售和品牌形象的积累主要还是依赖商品包装在零售终端的推介，因此他们愿意在包装设计上多下功夫。这些客户主要包括区域性中小品牌、起步阶段的中小企业。

C 类客户，主要指那些具有较成熟品牌效应以及具有形象建设和推广意识的企业。他们往往视包装形象为品牌形象延展的重要窗口，重视旗下商品与消费者接触的每一个形象细节，视包装设计为塑造良好品牌形象的重要举措。可能他们的产品的市场表现已经显示了良好的品牌效应，也可能他们的产品并不主要依靠包装进行货架竞争，但是他们重视品牌与消费者的每一个"接触点"。他们希望消费者在看到、触摸到他们的产品包装时，就可以感受到内在的产品质量和品牌价值。将包装视为品牌塑造的一个重要介质，是这类客户重视包装设计的基本出发点，他们重视包装设计对品牌价值的传递，也重视包装材质和生产工艺的品质。

A、B、C 几类客户往往具有相对独立的特征，设计时需要具体甄别。

A 类客户，因为其所属行业与消费风尚关系紧密，所以包装设计的更换频率较高。B 类客户，因为多处于起步或发展初期阶段，对包装设计的需求愿望较强烈，但因为资金紧张且品牌形象尚在创建期，一款包装设计从投入使用到更换的周期较长。C 类客户，因为品牌价值在销售时的作用较大，具体一款产品的包装设计所承载的信息传达和形象竞争压力其实并不如 A、B 类包装大，但在品牌价值的传达上则需要下更多工夫。

很多时候，由于包装设计成本的原因，导致包装设计的销售半径较小，所以通常包装设计的客户开发具有较强的地域性。因此从当地各类卖场、电话黄页以及企业网站上，都可以搜索到上述 A、B、C 三种类型的潜在客户。拿起你的电话，勇敢地致电询问企业或者经销商的市场部、企划部或者采购部，成功接单的希望不久就会呈现。

## 二、包装设计的具体准备工作

### (一)商品分析

对包装的分类，人们通常会依据被包装的内容物、包装材质及工艺、包装的功能等不同因素来进行划分，如酒类包装、饮料包装、五金包装、食品包装、玻璃包装、纸包装、塑料包装、金属包装、防盗包装、运输包装、销售包装，等等。但是从营销的角度看，这些最常见的分类描述往往并不能为设计师提供更多有价值的信息。因此，设计师需要对如下商品信息进行调查分析。

1. 商品卖点分析

有销售竞争力的特点，即为"卖点"。

要设计出有竞争力的包装，就需要根据商品的不同特点，去发现商品的优点，以实现差异化、个性化的包装设计；既要把握商品的行业属性，又要有效传达出商品的优势特色。因此，我们需要带着"猎奇"的目光去了解清楚商品本身的基本情况，包括产品的概念、形态、气味、色泽、质感、功能、价值和文化象征等。努力寻找那些有竞争力的商品特性并加以突出，往往是包装设计成功的关键因素。这个特性可能来自商品具体的物理形态或者感官感受，也可能来自某种出色的功能，或者来自商品背后的支撑服务甚或某种文化概念。

2. 商品情绪类型分析

我们可以把商品分成"感性消费商品"和"理性消费商品"。

在面对"感性消费商品"或者"理性消费商品"时，引导消费者并促成购买的动机会有不同。人们可能因为包装漂亮，而购买一盒巧克力；但通常不会因为包装漂亮而购买一盒感冒药。

（1）感性消费商品。指那些主要依赖情绪感染力影响消费者购买行为的商品如休闲食品、饰品、小电子产品、休闲书籍及 CD 等。这类商品的包装设计，通常需要在包装风格上多下功夫。富有新意且情绪感染力强的包装设计风格，往往可以制造浓郁的"情绪氛围"，达到良好的情绪促销效果。

（2）理性消费产品。主要指那些当消费者在作出购买决策时，理性的调查、分析与权衡起着更大作用的商品，如大宗或耐用型家电、药品、健身器材等。在购买这类商品时，消费者通常需要对特性、功能、价值、甚至售后服务等因素进行了解，并在产品价值和支付能力间进行一定的权衡甚至反复考虑后，才可能作出购买决定。因此，对这类商品进行包装设计，除了恰当的风格设计外，通常委托方和消费者都会更重视清晰准确的信息传达。

3. 商品生命周期分析

商品所处的生命周期是包装设计定位的重要参照坐标，是制定包装设计策略的重要依据之一。处于新兴阶段的商品，市场中的同质竞争较少，所以在包装信息传达上可以强化"新"的特定优势价值，并以独特的包装风格让人耳目一新、印象深刻。处于成熟期的商品，很可能业内竞争已经白热化，商品已经趋于饱和，并且因为同类型商品严重同质化，所以品牌形象的差异化通常会成为消费者选择的重点。处于衰退期的产品，可以通过价格调整及产品升级来重新唤起消费者的热情，而包装也需要在这些方面予以配合。

(二) 消费者研究

"知道人们在一杯饮料中放几块冰？一般来说，人们都不知道，可是可口可乐公司知道。"这是美国作者约翰·科恩在谈到美国公司重视对消费者情况的调查时说过的一段话。尽管在一杯饮料中投放几块冰对消费者来说，是微不足道的小事，但是对企业广告公司来说却是一种极为重要的大事，由于可口可乐公司了解人们在一杯饮料中加入几块冰的数据，该公司便掌握了美国餐厅饮料及冰块的需要量，可见对消费者群体进行调查研究，对企业来说是多么重要。消费者调查的主要内容有：

第一，消费者的风俗习惯、生活方式、性别年龄、职业收入、购买能力以及对产品品牌的认识。

第二，产品的使用对象属于哪一个阶层，消费者对产品的质量、供应数量、供应时间、价格、包装以及服务等方面的意见和要求，潜在客户对产品的态度和要求，以及消费群体对产品的未来需求。

第三，消费者商品购买行为的发生方式，商品知名度及市场占有率，受众对商品的印象和忠诚度等一系列影响购买的因素。

(三) 竞争对手分析

分析对手的目的，在于寻找差异化定位。可以从产品、价格、形象、渠道等方面，去分析竞争对手，从而找到大家是怎么样的？我怎么与大家不一样？寻找差异化的核心，是围绕"消费者需求"，或者是围绕"消费预期"展开的。

我们应该在消费者的"积极预期"方面，找出或者创造出商品有竞争力的差异化因素，努力回避或者化解消费者的"消极预期"。同时也应该分析竞争者的弱点或者空白点，从而使自己有机会在消费者心目中占据独特的位置。站在消费者需求的角度分析和评价竞争对手，找到营销意义上的制高点，并通过包装设计强烈、有效地传达出来，才可能使商品在激烈的竞争中拥有更大的获胜机会。

(四) 卖场条件分析

商品销售的主要卖场类型包括购物中心、百货商店、品牌专卖店、超市、店中店或专柜以及社区便利店等，而新兴的网络商店也日益呈现旺盛的生机。在不同的卖场中，商品的陈设条件与检索方式不尽相同，商品包装所承担的功能也不尽相同。慎重考虑卖场的特点，会让包装具有更好的现场促销力。比如，在大型超市光照条件良好，不断有商场服务员或者厂家的促销员理货，加上商品的陈列条件比较好，一些风格含蓄、色彩淡雅的商品包装，只要设计品质和印刷、印后的细节到位，就容易与大多数色彩明亮的包装形成反差，并因为其良好的审美品质和工艺细节而吸引消费者。但是，如果是在一些小型商店，光照和货架条件不是那么理想，则极可能让人感觉到晦涩昏暗、无精打采，并因此让销售大打折扣。

一个商业包装设计师经常会面对包装设计问题，往往并非包装材质、结构与工艺的问题，而是包装设计如何促进商品销售的问题。这个问题要在设计中得到良好解决，很重要的一点是必须考虑商品的卖场特性。由于各类超市、百货商店、专卖店仍然是今天我国消费者购物的主要渠道，也就是说，这些是商品实现销售的主要场所。此外，还有大量的各类专卖店，也是重要的商品销售终端。因此，我们应该经常观察和思考"超市销售的包装，如何才能有效吸引消费者关注，如何才能有效引发消费者的兴趣"及"专卖店销售包装，核心价值何在"这样的问题。

(五) 签订包装设计合同

商品包装设计的合同是客户和设计公司或设计师之间签订的法律文书，是对设计师劳动成果的一种尊重，更是对设计知识产权保护的有力支持，合同当事人应遵循平等、自愿、公平、诚信等原则。设计公司或设计师可根据甲乙双方的意愿签订约定内容的设计合同。

# 第二节　市场调研与定位设计

市场调研是商品包装设计中的一个重要环节，实践证明，通过系统的、科学的调研，企业能提高商品营销成功的概率。设计定位是在设计前期策划的过程中，在充分调研的基础上，把收集的资料全部集中起来，运用商业化的思维方式，考虑如何体现产品的人性化，以寻求商品特征与消费者心理间的相融点，围绕包装设计的基本要素进行逐项的对比分析，然后根据市场需求扬长避短地进行筛选，确定新产品设计，突出重点，情系消费者，以使产品在未来市场上具有竞争力。本节即着重介绍市场调研与定位设计。

## 一、商品包装的市场调研

### (一) 调研对象

当接受企业的委托设计后，设计师要有目的、有计划、系统而全面地收集整理与该商品相关的产品、包装市场、厂商和消费者的资料和具体情况，并对其进行客观的思考、分析和论证，为制定合理的设计方案做好准备。通过市场调研设计师可以做到：

(1) 决定产品定位的最佳方案；

(2) 从潜在的消费者那里获得有关新产品开发的思路；

(3) 确定最有吸引力的产品特征；

(4) 确定最佳的产品包装；

(5) 确定影响消费者购买决策的最主要因素。

在调研过程中设计师应该对包装市场、产品市场、消费者有一个很好的把握。

(1) 了解包装市场现状。根据目前现有的包装市场状况进行调查分析：

①听取商品代理人、分销商以及消费者的意见；

②对商品包装设计的流行性现状与发展趋势进行透彻的了解和把握，并以此作为设计师评估的准则；

③总结归纳出最受欢迎的包装样式。

（2）设计师应对产品市场，有个清晰的概念，分析、了解同类竞争产品的行销方式、流通模式等，具体包括：

①此类产品在市场上的种类；

②同类商品包装设计的特点；

③同类商品的销售情况；

④目前的潮流与流行趋势。

这些都要进行具体深入的调查，以掌握较为完整真实的数据。

从市场营销的理念来说，企业营销活动的中心和出发点是顾客的需要和欲望。设计者应该依据市场的需要发掘出商品的目标消费群，从而拟订商品定位与包装风格，并预测出商品潜在消费群的规模以及商品在货架的寿命。

（3）消费者的满意是商品销售成功的决定因素，设计师要充分了解消费者的喜好和需求，如他们的购买动机、行为、购买力以及购买习惯等。包装设计师必须做到知己知彼，才能有的放矢地进行包装设计，做出产品的与众不同之处，更好地吸引消费者。

(二) 调研的方式和方法

商品包装设计的市场调研方式方法可谓是多种多样，在设计时选择何种方式方法可视具体情况而定，并不是固定的，因篇幅有限选择性论述两种调研方式。

1. 定量调研

①采用问卷调查方式针对目标受众和消费者开展的调研。了解产品使用人群眼中的产品行业特征以及对未来发展的期望，在与竞争对手的对比中发现自己的优势与不足，同时最大限度地摸清同行业包装设计现状。在具体的开展过程中，首先，确定调研的对象和内容，然后对问卷的问题进行客观、全面、富有亲和力的设计，尽量做到全面和缜密。其次，可通过电话访问、邮寄调查、留置问卷调查、入户访问、街头拦访等多种方式来具体实施。

②为了切身感受产品的市场环境，还要走访、考察产品上架的大型超市、商场等市场状况以及现有的同类产品的包装视觉效果，根据消费者的消

费心理从中搜集第一手资料。

③主动接触卖场促销员等直接接触商品的工作人员，通过闲聊等方式来获取相关信息。

2. 描述性调研方法

描述性调研建立在大量的、具有代表性的样本之上，是一种能比较深入地具体地反映调查对象全貌的调研方式。描述性调研的方法有：

①二手资料法；

②实地调研法；

③小组座谈法；

④观察法；

⑤模拟法。

## 二、商品包装的定位设计

### (一) 品牌定位

品牌是企业的无形资产，能给消费者带来质量的保障和消费的信心。品牌定位着重于产品品牌信息、品牌形象的表现定位，在设计处理上以产品标志形象与品牌字体为重心，表现多为单纯化与标记化。我们可以从以下三个方面考虑：

(1) 突出品牌的色彩。设计品牌时，常选定一种或几种色彩作为品牌"形象色"，给消费者以强烈稳定的视觉印象。例如，可口可乐的红色和白色、富士胶卷的绿色都具有强烈的视觉吸引力。

(2) 突出品牌的图形。品牌的图形包括宣传形象、卡通造型、辅助图形等，在包装设计中以发挥主要图形的表现力为主，使消费者心理产生图形与产品本身的联想，有利于产品宣传的形象性和生动性的体现。例如，万宝路香烟的牛仔形象以及包装上的红色几何辅助图形，日本麒麟啤酒包装上的麒麟形象等。

(3) 突出品牌的字体形象。品牌的字体形象由于其可读性和不重复性，因而成为突出品牌个性的主要表现之一，如麦当劳的"M"字母形象，在包装中都构成了形象表现力的最主要部分。

（二）产品定位

产品定位着重于产品信息的定位，主要是告诉消费者"卖什么"，使消费者能迅速识别产品的属性、特点、用途、档次等信息。具体来说，主要分为以下几类：

（1）产品类别定位。产品类别定位设计要体现出产品的不同类别的特点和区别，应充分考虑产品的属性。例如，化妆品类与化工类产品不能混淆，而同一类产品中又存在许多不同的品种。

（2）产品产地定位。某些产品的原材料由于产地的不同而产生了品质上的差异，因而突出产地成了产品品质的保证。

（3）产品特点定位。把与同类产品相比较而体现出来的特点作为产品特点定位，对目标消费群体具有直接、有效的吸引力。例如，软饮料的"无糖""无咖啡因"等特点都能成为吸引消费者的焦点。

（4）产品功能定位。产品功能定位旨在将产品特有的功能和作用展示给消费者，以吸引目标消费群。

（5）产品档次定位。根据产品营销策划的不同，每类产品都有高、中、低三个档次。在具体的设计过程中，不应将低档产品设计得豪华高贵，也不宜将高档产品设计得媚俗粗糙。同一类产品也应分出普通、高档等不同档次。

（6）传统化定位。传统化定位着力于某种民族文化特色的表现。这种定位常应用于传统商品、地方传统特色的产品和旅游工艺品等包装上。具体处理上应注意传统特色与现代消费心理相结合，传统图形和色彩的运用应具有一定的文化和信息内涵。

（7）礼品性定位。礼品性定位着重于高贵、华丽、典雅的装饰效果。这类定位一般应用于高品位产品，设计处理有较大灵活性，在营销中属于卖"感觉""身份"等软性消费需求。

（8）纪念性定位。纪念性定位在包装上着重于对某种庆典活动、旅游活动、文化体育活动等特定纪念活动的设计。虽然受到一定的时间性、地方性局限，但仍不失为一种有效的营销设计定位。

（三）消费者定位

设计师在包装设计中一定要清楚产品是"卖给谁"的，因为只有充分了解目标消费群的喜好和消费特点，才能有的放矢地确定设计定位。消费者定位一般包括如下几个方面：

（1）地域区别定位。根据地域的不同，如城市与农村，内地与沿海城市，不同的国家和民族等，结合当地的风俗习惯、民族特点和喜好，有针对性地进行设计。

（2）生理特点的区别定位。消费者具有不同的年龄、性别等生理差异，因而，生理特点也成为包装设计的定位条件之一。针对不同生理特点的消费者需有相应风格的包装设计形式。

（3）心理因素定位。成功的商品包装及装潢设计之所以能打动人心，很重要的一个方面就是充分利用了心理因素，从不同阶层消费者的心理因素、生活方式来考虑包装设计。即便是同样的产品，同样的包装装潢形式，但由于色彩应用的不同，就会使消费者产生不同的心理效应。比如，有些商品确定以儿童为销售对象，但儿童用品一般都是由其父母或长辈购买，因此儿童用品不仅要对儿童有吸引力，还要考虑父母为其孩子选择商品时的心理因素。

求新、求美、求变是人们共同的心理。人们在看惯了现代风格形式的包装之后，又会对富有传统风格的包装感兴趣。可见，如何把握消费者心理已成为现代商品包装设计定位的重要参考因素之一。

（4）社会阶层定位。消费者定位应考虑消费者不同的文化修养、不同的社会地位、不同的民族、不同的生活习惯、不同的经济条件、不同的政治与宗教信仰、不同的心理需求、不同的家庭结构等。

（四）多向定位

品牌加产品再加消费者定位是多向定位。同样，要有主次，突出一点，另两点辅助之。设计定位和销售策略关系密切，设计者切不可为销售与自己无关，商品包装不可能脱离产品和销售而单独存在，商品包装设计是受到各方面制约的。一件商品包装的设计或以消费对象为主，生产者和产品次之；或以产品为主，生产者和消费对象次之；或以生产者为主，产品和消费对象次之，只有根据具体商品和市场情况准确定位，才会取得好的销售业绩。

## 第三节 商品包装设计方案的制定与验收

在完成商品设计的调查和定位之后，设计者提出商品包装设计的初步设想和所要表现的内容。这其中包括要使商品包装设计达到什么样的预想效果，打算采取哪些具体方案来实现目标等。商品包装设计方案制定完成后，还需要验收，衡量这样的包装设计是否能令企业及消费者满意。本节即对商品包装设计方案的制定及其验收作出分析。

### 一、商品包装设计方案的制定

(一)初稿设计

1. 主展示面设计

商品的包装通常是一个封闭或半封闭的"立体"，由两个或两个以上的"面"合围而成。在这些共同构成包装的"面"中，通常至少有一个"面"会用比其他版面更显著的方式来呈现商品最重要的信息。我们称其为包装的主展示面，通常也被认为是包装的"正面"。包装主展示面所呈现的重要商品信息通常包括品牌信息、品种信息和卖点信息等。无论是卖场"货架冲击力"的获得，还是商品核心信息的传达，抑或包装风格的塑造，"主展示面"都是首选的重要版面。因此，很多时候，主展示面设计研发会占去一个包装的大部分设计时间。并且，在实际设计工作中，通常会在设计前期向客户主要提供主展示面的设计方案以供设计策略的探讨，而不急于进行完整包装的设计，以求在较短的时间内设计更多不同的方案。而一旦包装的主展示面方案定稿，也就等于包装的各主要设计元素定稿，也几乎等于包装方案的定稿，并且此后的设计进程会提速不少。

（1）主展示面的文字设计。商品包装主展示面中的文字通常包括品牌名称、品种名称、产品卖点信息等。品牌名称，指该商品所属品牌的名称。通常表示品牌名称的文字与品牌 LOGO 图形相互独立并配合出现，也有很多时候以文字为主合二为一。品种名称，指该款商品具体的名称。它可能是单独存在的一个名称，也可能被冠有高一级的系列品种名称。产品卖点信息，指表明该产品优于其他类似产品的特有价值信息。这些"卖点"的内容，可能是基于产品物质、价格方面的因素，也可能是基于某些特殊的精神、情感方面的因素。包装的信息传达和风格、个性的确立，主要依靠主展示面完成。所以，进行主展示面的文字设计时，首先，应该根据商品的销售策略进行信息排序，划分不同信息在版面上所占据的版面位置和不同强度比例，以求清晰、准确地传达商品信息。其次，需要根据包装的既定风格，将这些主要信息的视觉形态，进行相应的风格化设计，同时注意风格化后的信息传达强度应该是增强而非减弱，更不能因此产生信息的误读。

（2）主展示面的图形设计。商品包装主展示面中的图形，通常是指为有效识别商品和促成购买情绪而设计使用的插画、摄影照片等图形。广义而言，也可以将文字看作是一种特殊的图形。在包装的画面设计中，尤其是主展示面，很多时候图形文字是不可能完全独立互不相干的。相反，它们常常需要紧密结合甚至融为一体，图形就是文字，文字也是图形。图形的设计不仅要考虑其视觉效果上的冲击力和感染力，也要考虑其在信息诉求上的准确性。

包装设计不是自娱自乐的游戏，信息的有效传达是其首要任务，因此，包装图形的设计一定要从设计定位出发来进行。反过来讲，如果图形的内容、风格与设计定位的方向基本吻合，但其设计表现的分寸不到位，视觉效果就会乏力，在信息传达方面也难以取得理想效果。所以，在设计包装中的图形时，应该从强化目标信息的角度来考虑其内容、风格及其与其他元素之间的关系。一般情况下，作为"前台元素"存在的图形，应该承担包装识别和核心信息传达的重要任务；而作为"后台元素"存在的图形，往往担任起进一步完善包装风格、渲染包装的情绪化氛围和表述包装信息的某些潜台词的功能。同时，在审美方面，"前台元素"与"后台元素"通常构成画面"强"与"弱"的不同节奏层次。

（3）主展示面的色彩设计。我们知道，色彩可以表现格调，渲染气氛。但对于商品包装而言，如果色彩仅仅满足这些要求是远远不够的。包装的色彩设计还需要在其产品所属的行业惯性和产品自身的特性间找到平衡。每类商品在色彩倾向上，不同程度地要关照到那些经久而成的行业惯性。这种行业惯性，也可以理解为消费者对不同类别产品所普遍具有的并在一定时期内相对稳定的积极预期。总体上，包装的色彩宜单纯，符合产品的行业风格与个性定位。利用色彩对比的规律，加强包装在货架上的"冲击力"；加强包装内部核心信息与背景信息的反差，以强化核心信息的传达强度。

（4）主展示面的版式设计。依靠"形与形""形与边框""形与色彩"等因素间的关系而存在的"版式"，对包装的信息传达和风格塑造有着关键意义。包装的主展示面是包装传达信息、塑造风格、彰显个性的首要空间。我们可以借助版式的构成方式，在很大程度上体现出包装的文化倾向和风格特征。另外，个性鲜明的版式结构还可以提高包装在货架上的视觉冲击力，增强包装对商品的促销力度。更重要的是，版式设计是信息传达的"催化剂"。合理的版式设计可以有效强化信息的传达，而不合理的版式设计则会干扰信息的有效传达。在进行包装主展示面设计时，应根据设计定位把握好上述各类信息间的主次关系和视觉流程上的逻辑关系，并根据这些主次关系和逻辑关系安排画面的构成关系和对比的强弱。简单地讲，就是把最强的视觉对比关系用在最重要的信息传达上。

2. 包装效果图设计

可以使用电脑或手工绘制等方式，模拟成品的包装效果图。

在初稿构思阶段，效果图重在快速表现包装结构、形态和大致画面构成，可以使用手绘方式。而在包装的主展示面或者展开图设计完成后，则可以在电脑里设计效果图，以便更直观地观察包装的整体形态与设计风格、主次面节奏和材质工艺等效果。由于包装设计的特殊性，效果图与包装实物仍可能存在较大的差异，因此建议尽量制作包装的实物样品来观察包装设计稿。但在初稿设计阶段，因为受时间、预算或设计技术手段的限制，采用效果图方式表现设计意图，会比制作实物样稿快捷，又比平面的展开图直观许多。

（二）深化设计

在大方向正确的前提下，细节决定品质，品质决定成败。所以，细节设计的推敲决定着一款包装的竞争力。尤其今天我国消费市场正处于向品质化转型的阶段，细节，更是重要的市场竞争力之一。细节设计的深化，不仅仅从信息传达和风格塑造等层面来完善包装主、次各个展示面的设计，还要进行印制加工工艺的设计，最大限度确保包装成品的效果。

展开图设计主要是深化主展示面设计，并初步完成各次展示面设计。

深化主展示面设计阶段，需要对主展示面的核心视觉形态、色彩关系和版面构成关系，进行深入的设计推敲，从而使其具有更高的信息传达效率，并且在风格上更加纯正浓郁和富有视觉感染力。次展示面设计则应该使各次展示面的信息内容、版式编排与设计风格基本设计完成。

进行印制工艺效果的预想设计。这一阶段应明确哪些内容需要普通四色印刷，哪些内容需要烫金，哪些内容需要凹凸等加工工艺的内容。对包装所需采用的印制工艺和材质进行效果模拟设计，对包装的成品效果进行预估，对包装成本进行初步的预算，都是这个阶段非常重要的工作。

(三) 设计完善

该阶段主要针对包装整体效果进行调整和平衡。

该阶段需要对信息传达的功能与层次关系进行细化；对各展示面内部及之间的审美关系与风格进行平衡；对包装的整体风格进行细化和统筹，既要细化、完善各个基础视觉形态本身的造型设计，又要完善包装整体上的色彩关系和版面结构关系。

## 二、商品包装设计策略

对于包装设计环节来说，企业所制定的包装策略是设计创意过程中最为重要的依据。企业通常根据不同的市场营销要素采取相应的包装策略，主要策略包括以下几种：

1. 产品性能上的差异化策略

所谓产品性能上的差异化策略，就是找出同类产品所不具有的独特性作为创意设计重点。对产品特性的研究是品牌走向市场，走向消费者的第一前提。

2. 绿色包装设计策略

绿色包装设计策略将包装产品视为人类生存的有机元素，在设计上采用对人体和环境无污染、可回收利用或可再生的材料。该策略要求包括从包装产品的市场需求、设计开发、生产、运输、销售、使用废弃后回收的循环周期，以及周期内每一个阶段包装设计产品对人和环境都不产生危害，不影响社会的可持续化发展。

3. 等级化包装策略

由于消费者的经济收入、消费观念、文化程度、审美水准等方面的差异，对包装的需求心理也有所不同。一般来说，高收入者、文化程度较高者，比较注重包装设计制作的精美程度，要求造型别致，有品位、有个性；而低收入消费层则更偏好经济实惠的包装设计。因此，企业必须针对不同层次的消费者的需求特点，制定不同等级的包装策略，以此来争取各个层次的消费群体，扩大市场份额。

4. 系列包装策略

所谓系列包装策略，是指企业对同类的系列产品，在包装设计上采用相同或近似的色彩、图案及编排方式，突出视觉形象的统一，以使消费者认识到这是同一企业的产品，把产品与企业形象结合起来。系列包装策略可以大大节约设计、印刷制作和宣传的费用，既有利于产品迅速打开销路，又增强了企业形象。

5. 配套包装策略

企业将相关联的系列产品配齐成套进行包装销售，有利于消费者使用方便，如成套的化妆品、餐具、文具、调味品等。这种包装策略有利于带动多种产品的销售，提高产品的档次。

6. 附赠品的包装策略

通过在包装内附赠品，以激发消费者的购买欲望。赠品的形式多种多样，可以是奖券，也可以是相关商品，还可以是与商品内容无关，但足以吸引消费者的赠品。

7. 更新包装策略

更新包装的目的，一是通过改良包装，使销售不佳的商品重新焕发生机，具备新的形象力和卖点；二是通过改良，使商品锦上添花，顺应市场变化，保持销售旺势和企业品牌形象。通常对于滞销商品，适合采取较大的改变，以全新的面貌呈现在消费者面前。而对于旺销商品，则适合采取循序渐进的包装更新方式，在保持商品认知度的情况下，表现其新颖的面貌。

## 三、商品包装设计方案的验收

### (一)验收流程

设计方案从提出到落实不是一成不变的，要经历多次修改、整合，在内容和形式等多个方面可以不断地进行扩展。设计者从目标消费者的心理需求出发，结合商品的特性进行准确、细致的定位，并充分考虑包装的功能是否符合消费者心理需求，符合时代的发展，视觉表现上是否贴近人、关爱人、能更好地与人沟通；在最后印刷与制作上，考虑其是否符合新技术、新工艺的要求，是否符合环保的要求，材料是否浪费。

根据企业对不同风格的设计图稿的意见和建议，设计者需对设计方案进行认真的选择和慎重的推敲，从而完成进一步的修改加工。然后，从中选择两至三个方案进行小批量印刷制作，小规模的试生产英文称为"dummy"，将开发出的产品实际装入小批量生产商品包装中，然后委托市场调研部门进行消费者试用、试销。

在商品试销阶段，设计部门可以依据商品包装的功能、风格、社会构成目标等目标设置对其结构、视觉表达等多方面进行微观和宏观的检测，然后根据消费者的反馈意见对其进行改良式再设计，最终确定大量生产，以达到最佳的使用和销售目的。对商品包装设计的评估检测阶段十分重要，为了实现目标，解决设计中存在的问题，满足顾客需要，就要深入分析、逐步完善拟采用的实施方案，多层次、多角度地运用系统分析方法对包装进行评估，以达到最优化的效果。

完成之前的环节后，就进入了实施制作阶段。一般都是将包装设计方案和图纸交付给第三方制作部门，由其来完成制作。在这个阶段，设计师的设计构思与绘制能否很好地互动，在很大程度上关系到设计理念能否被准确地传达。设计者最好能深入生产现场参与监督制作，同时结合其他部门制订包装系统推广计划，包括宣传促销及信息反馈体系，以利于产品最终成果的理想表现。

(二)验收过程注意事项

设计阶段稿顺利验收合格，意味着设计进度将顺利推进，也意味着设计的进度款可以顺利支付；设计完成稿顺利验收合格，设计尾款支付，标志着本次设计合约的顺利完结。

合作双方在各阶段验收过程中，应当以合约为基准，本着实事求是的态度，以目标市场的需求为导向，对设计方案进行探讨、评价和修改。作为设计方，当双方在某些问题上意见不同时，应该多站在客户及客户市场的角度，运用自己专业所长主动思考和判断问题，而不是在一些细枝末节的问题上斤斤计较。在一些大的设计方向问题上，如果的确难以统一意见，并决定依照客户意见进行修改设计时，应当向客户说明己方意见的重要性，并阐明客户方意见可能导致的结果。这样，如果将来因为客户原因导致市场反馈不佳，他们不但有可能会重新考虑设计方意见，而且也可能因此更加尊重和信任设计方，因为他们在此过程中感受到了设计方的专业素养和对企业认真负责的精神。

(三)设计验收后的销售信息反馈

1. 设计师关注销售反馈的目的与意义

销售反馈的信息内容主要包括：新包装对消费者的吸引力如何；新包装被消费者喜爱的程度如何；和老包装相比较，销售情况如何；之前设定的设计定位是否达到预期效果；包装本身的货架展示和信息传达情况怎样；货架陈设条件方面有无问题，等等。一款包装设计、印制完成并开始销售后，是否被市场接受并畅销，通常需要经由生产商、批发商、零售商这样的链条进行往返，并走完前述流通过程，信息才能陆续反馈回来。通常在新包装上市后3个月左右，就可以反馈一些基本的销售情况了。

关注包装的销售反馈信息，其主要目的在于考察并找出包装在销售环节的特有价值或者发现需要改进的地方。关注包装的销售反馈信息，对于设计方积累包装设计的市场化经验，较快提高设计方的市场实战能力具有重要意义。同时，设计方适时关注并研究包装的销售反馈信息，这种行为本身一方面可以自然而然地与客户保持联系，另一方面也会让客户进一步感受到设计方的专业素质和敬业精神。

2. 设计师如何进行销售反馈的调研

客户回访和卖场走访，是设计师收集包装销售反馈信息的重要方式。

（1）客户回访。可以采用电话或者亲自登门拜访的方式进行。尽可能亲自回访，可以请客户同时约见销售方面的负责人员，共同了解和讨论新包装的相关销售反馈信息。

（2）卖场走访。可以将卖场观察、销售人员及顾客询问、卖场月度销售统计等几方面情况进行结合。卖场观察，可以由设计方单独进行或者与客户方代表一同进行。选择几个关键的时间段，对有代表性的卖场进行观察。看看单位时间内，关注新包装的顾客有多少，购买的有多少，结合现场销售人员和顾客的问询情况，可以判断新包装的货架竞争力与商品销售之间的关系如何。本商品与其他竞争商品的月度、季度销售统计数据，设计方可以请客户方代为收集。从前述几个方面着手进行销售反馈调研，设计方可以基本分析出本商品的形象、产品、价格、服务等因素以及对销售的不同影响，这对于检测、反思和改进包装设计的相关问题，进一步提升包装设计对销售的促进能力，是大有帮助的。

# 第四章　包装容器造型设计

　　包装容器造型设计是一门空间立体艺术。主要以玻璃、陶瓷、塑料等材料为主，利用各种加工工艺在空间创造立体形态。包装容器造型工艺复杂，形式多变，设计者进行的是一种立体形态的创造，从而体现包装容器的实用价值和审美价值。实践证明，只有掌握科学的设计方法，正确运用各种艺术造型设计原理，才能设计出新颖奇特、富有个性的好作品，达到形态、功能与艺术的完美结合。

# 第一节　包装容器造型方法

运用所学过的立体构成及形式美法则，对包装容器造型进行创新性设计，开拓思路，使包装容器造型和包装的整体形象设计融为一体，使其更具有时尚特性。充分利用科技成果带来的新工艺、新材料、新手段，以本土文化为根基，继承传统的文脉，结合现代设计理念，以获得新的视觉感受。本节即对包装容器造型方法进行分析。

## 一、线型法

线条既是一种有效的视觉语言与表现形式，也是一种常用的视觉媒介。线型法是指在包装容器造型设计中，追求外轮廓线变化及表面以线为主要装饰的设计手法。由于线本身具有感情因素，因此能给容器带来不同的视觉效果，如垂直线型的酒瓶，会产生挺拔感；用曲线形设计化妆品容器，会给人柔美、优雅之感。线型设计的方法，就是要充分利用线所具有的独特个性情感，以适当的方式来体现商品本身的属性，使包装容器除具有功能性以外，还具有一定的语义性和符号性，使受众在很快的时间内通过对外形线型的感觉，便能体会到产品的特性和所传达的内在信息。

## 二、体、面构成法

包装容器造型由面和体构成，通过各种不同形状的面、体的变化，即面与面、体与体的相加、相减、拼贴、重合、过渡、切割、削剪、交错、叠加等手法，可构成不同形态的包装容器，如可用渐变、旋转、发射、肌理、镂空等不同手法进行过渡，组成一个造型整体。构成手法不同，产生的包装容器形态也不相同，所传达的感情和信息也不同，这主要取决于产品本身的属性和形态。设计师应以最恰当的构成方式，达到最完美的视觉效果。

### 三、对称与均衡法

对称与均衡法在包装容器的造型设计中运用最为普遍，一般日常生活用品的容器造型大都采用这种设计手法，它是大众最容易接受的一种形式。对称法以中轴线为中心轴，两边等量等形，使人能得到良好的视觉平衡感，给人以静态、安稳、庄重、严谨感，但有时会显得过于呆板。平衡法用于打破静止局面而追求富于变化的动态美，两边等量但不等形，给人以生动、活泼、轻松的视觉美感，并且具有一种力学的平衡美感。

### 四、模拟与概括法

在自然界，人、动物、植物及其他的自然形态都给我们的容器设计提供了参考依据，仿生的、象形的、自然的形态也是我们容器造型艺术创作的源泉。例如，人体的优美曲线、救生圈形、锚形、树叶形、月牙形、乐器的造型等都被用来模拟处理，制作出各种商品的容器，来增加它的趣味性、生动性，令人爱不释手。

模拟与概括就是以自然界中自然形态和人工形态为设计依据进行创作，具有生动自然的特点，能够增加作品的情感个性。在数字化信息化时代，人们的物质生活极大丰富，要求设计作品不仅要实用、美观，而且要在设计中赋予更多精神的、文化的、情感的含义。

法国一款威士忌酒，其包装设计造型模拟法国凯旋门。作者从世界经典建筑中获得创作灵感。凯旋门代表着法兰西文明，造型风格独特、气势雄伟。设计者采用后现代主义设计风格，以现代人的审美观念对传统造型中的一些元素加以升华，把法国悠久的历史和灿烂的文化展示在世人面前，唤起人们对美好生活的向往，引起各国消费者的好奇心和浓厚兴趣，具有很高的文化品位和收藏价值。

### 五、系列化造型法

系列化的容器造型是系列化包装的内容之一，包装系列设计形式出现于20世纪初，之后便迅速地在全世界流行。包装容器造型设计从单体形式走向系列化，并迅速发展，充分说明了这一形式适应了现代市场竞争的需要。

随着社会生产的不断扩大，社会产品越来越丰富，市场竞争的日趋激烈，商品包装在广告宣传方面占据着越来越重要的地位。通过商品造型的系列化可以更好地提升人们对此商品的关注程度，以符合企业的 CI 战略，这样最终带来的效果和影响就会更直接、更形象，企业也可通过这种系列化造型形式扩大自身的知名度和影响力。

## 六、肌理法

肌理是与形态、色彩等因素相比较而存在的可被感知的因素，它自身也是一种视觉形态。

肌理虽然在自然现实中依附于形体而存在，但在包装容器造型设计中是最为直接而有效的形式。它是呈现包装容器的质感、塑造和渲染形态的重要视觉和触觉要素，在很多时候是作为被设计物材料的处理手段，以体现设计的品质与风格。包装容器造型上的肌理，是将直接的触觉经验有序地转化为形式的表现，它能使视觉表象产生张力，在设计中获得独立存在的表现价值，增加视觉感染力。例如，在有些洗浴用品的包装容器上，有意地采用一些毛糙的肌理效果，增加摩擦力，以免在遇水情况下打滑；在有些透明玻璃的表面，运用一些肌理效果，使包装容器表面肌理形成对比，更具有视觉和触觉质感。设计中的"视觉质感"可以诱惑人们用视觉或用心去体验、去触摸，使包装与视觉产生亲近感，或者说，通过质感产生一种视觉上的快感。肌理一般可分为真实肌理、模拟肌理、抽象肌理和象征肌理等。

（1）真实肌理：是对物象本身表面肌理的感知，通过手的触摸实际感觉材料表面的特性，可以激发人们对材料本身特征的感觉，如光滑或者粗糙、温暖或冰冷、柔软或坚硬等。在造型设计中，真实肌理一般可以直接运用有肌理的材质来获得。例如，有些包装容器造型设计直接运用木材与皮革、麻布与玻璃或金属，形成肌理对比，产生独特的视觉质感。

（2）模拟肌理：它是再现在平面上的形象写实，着重提供肌理的视觉错觉与某种心态，达到以假乱真的模拟效果。例如，有些包装容器的表面运用摄影的手法表现皮毛的质感，将其局部放大，使其表面纹理得到精致的刻画，调动全方位的视觉要素以达到真实的感觉；有些包装容器表面运用超写实的手法表现编织的肌理，使其特征更加真实。

（3）抽象肌理：是对模拟肌理的图形化，对物象的抽象表达。它常常显示一些原有表面肌理的特征，又根据特定要求作适当调整、概括、提炼处理，使其更加清晰，更具有纹理特征，更符号化。例如，如香水包装容器，采用女性衣服的褶皱肌理，并加以整理、提炼，使其更加具有典型性，产生亲切感。

（4）象征肌理：纯粹表现一种纹理秩序，是肌理的扩展与转移，与材料质感没有直接关系，它要求在设计中构建强烈的肌理意识。

# 第二节　不同材料的包装容器造型设计

包装容器造型设计是一门空间立体艺术。主要以纸质、玻璃、陶瓷、塑料等材料为主，利用各种加工工艺在空间创造立体形态。包装容器造型工艺复杂，形式多变，设计者进行的是一种立体形态的创造，从而体现包装容器的实用价值和审美价值。实践证明，只有掌握科学的设计方法，正确运用各种艺术造型设计原理，才能设计出新颖奇特、富有个性的好作品，达到形态、功能与艺术的完美结合。

## 一、纸质包装造型方法

纸质包装的使用十分广泛，占据着非常重要的地位，纸质包装容器在整个包装产值中大约占50%的比例，全世界生产的40%以上的纸和纸板都是用来制作包装的。纸质包装所具有的优良个性使其长久以来备受设计师和消费者的青睐。

纸质包装具有一定的强度和缓冲性能，在一定程度上又能防尘遮光、透气，能较好地保护内装的物品，同时纸质包装还有能折叠，自身质量轻，便于流通和仓储等优势。纸质材料具有很强的可塑性，根据商品的特性可进行设计制作各种形状的包装造型，呈现不同的立体效果。纸质包装的表面很容易进行精美的印刷，达到优秀的视觉感受，使包装更具美感。随着消费者环保意识的增强和对"绿色包装"的追求，取之于自然，能再生利用的纸材，使用面还会进一步拓宽，尤其是各种纸复合材料的发展，使纸质包装的用途不断地扩大，同时还弥补了纸材在刚性、密封性、抗湿性方面的不足。

纸的可塑性使其成型比其他材料相对容易，通过裁切、折叠、封合、印刷等能较方便地把纸和纸板做成各种形式。纸质包装容器的类型按结构形状可分为箱、盒、桶、袋、杯、罐、瓶等。

(一) 纸质包装结构设计要点

1. 选材的恰当与经济

由于纸材的丰富多样，所以选材时就必须根据产品的特性，作出适当的选择。比如，承受产品重量和搬运时不同外力的作用对纸张厚度的要求；纸材的选择与印刷上的兼容性等。如果选择不当，不但会造成包装成本的上升，而且还会影响商品的安全。另外，还可以考虑套裁以节约成本。例如，小型纸盒的盖与底，分别与盒子的正、背面相结合，这样可以上下套裁，节约纸张，降低成本。

2. 结构的合理与美观

纸质结构不但应依据产品和消费者的需要和特点，还有根据纸材的特性来进行设计，一方面，纸是具有弹性的材料。为了牢固就要考虑到摇盖的结合和插舌的切割形状，通过插舌处局部的切割，并在舌口根部做出相应的配合，把贴接口放在与咬口部分没有关联的地方，就可以有效地通过咬合关系解决牢固性问题。有些产品为了美观，可以把摇盖的开口放在盒子背面，并将摇盖和舌盖设计为一体，然后做45°的对折就可以做到切口的美观。另一方面，纸质结构的整体强度与密封度要对内在产品起到保护的作用，还有使用时开启的便利性，封合性或可循环使用性。除此以外还要考虑商品价值感与纸质材料的感受是否搭配，视觉感是否明确美观，这些也应在设计中引起重视。

(二) 纸盒的基本结构形式

纸盒是纸质包装容器中运用最多的形式，占有相当重要的地位。它是用纸或者纸板折叠和粘贴制作而成的，其样式种类繁多。纸复合材料在材料的可塑性方面和成型工艺上与纸材相仿，这种复合材料已经部分替代了常用的玻璃、塑料、金属等包装容器，如过去的牛奶瓶都是玻璃的，现在几乎都被纸复合材料包装或塑料包装替代。纸盒包装结构一般可以分为折叠纸盒与裱糊纸盒两大类。

1. 折叠纸盒

折叠纸盒是指由机器或人工按照在纸或纸板上压制出的折叠痕迹而成的纸盒。折叠纸盒的结构设计中可以添加一些特殊结构及附加，如天窗、管口设计等，以满足不同产品的需要。折叠纸盒最大的优势就是它的可折叠性，便于储存和运输，大大减少了储存和运输时所占的空间和费用。折叠纸盒结构通过折叠、切割、黏合等方法可以拥有各式各样的形态，大致可以分为以下几种结构形式：

（1）摇盖式。摇盖式结构是指盒盖与盒体连在一起的折叠纸盒，开启方便，易于商品取出。这是纸盒中最普遍采用的结构形式，有的摇盖式结构的主盖有伸出的插舌，以便插入盒体起到封闭的作用。这种盒型能很好地起到宣传商品的作用，尤其能满足包装在展示方面的功能。

（2）抽屉式。这种结构形式又称为套装式，结构非常简单，盒套为单向折叠后的桶状结构，可单向或双向开口。抽开后的内盒可以是敞开的，也可以是封闭的，以形成多层次的结构变化。这种形式具有开启方便，便于陈列的特点。

（3）黏合式。黏合式是将盒盖直接进行黏合实现封口，没有插入结构，这种黏合的方法密封性好，安全性强，适合自动化机器生产，但不能重复开启。这是一种较为坚固的纸盒，多用于包装粉状、颗粒状的商品，如洗衣粉、谷类食物等。加入防水复合材料的纸盒还可以用于液体的包装，如牛奶的利乐装。

（4）天地盖式。天地盖式的包装盒包括两个独立的盘式结构，盒盖尺寸略大于盒体。从盒盖和盒体的高度来分，可以把天地盖式的包装盒分为三种不同形式。第一种是盒盖完全罩住盒体的天罩地式；第二种是盒盖像帽子一样只罩住盒体上方的一小部分的帽盖式；第三种是对口盖式，这是盒盖尺寸同盒体等大，盒盖罩住盒口内部的插口部分。

（5）锁扣式。这种结构是通过不同面或盒部的多个摇翼，使它们产生相互插接锁合，使封口比较牢固，但是组合与开启稍显麻烦。这种形式基本没有黏合的工作，所以较为省料，环保，多用于食品类包装。

（6）套筒式。这种结构比较简单，纸质材料单向折叠后围合成筒形，套装在产品内包装的铁盒，塑料盒的外部。这样的效果使商品的内盒一部分伸出盒外，既能看到内盒，又能看到外盒的装饰图形、文字和品牌标识，两者相互配合，增加包装层次，取得生动化的陈列效果，同时具有开启方便、便于携带的特点。

2. 裱糊盒

裱糊盒又称硬纸板盒，粘贴纸盒，它的外形是固定的，不能单独折叠，由盒盖和盒体两部分组成，强度比折叠纸盒要高，外表面可以使用多种材料和工艺来做表面装饰。由于成型后不能折叠，占据的空间较大，所以运输和储存的费用较高，而且需要手工制作，这些都导致了成本较高。多用于利润空间大，附加值高的高档商品、工艺品、食品等。裱糊盒的优点是盒体强度高，档次感强，陈列效果好，因此大多数礼品类的包装都采用这种结构形式。裱糊盒分为管式粘贴纸盒、盘式粘贴纸盒和盘管组合式粘贴纸盒三种形式。

管式粘贴纸盒又称框式粘贴纸盒，盒底与盒体分开成型，即基盒由边框和底板两部分构成，外裱不同材料加以固定和装饰而成。盘式粘贴纸盒又称单片折页式粘贴纸盒，盒体是由一块纸板制作而成。盘管组合式粘贴纸盒是指在双层结构或者宽边结构中，盒体由盘式方法成型，而内框由管式方法成型；或者在粘贴纸盒的盒体盒盖两部分中，一种是由盘式方法成型，另一种是由管式方法成型。

（三）其他形式的纸容器

1. 纸袋

纸袋是以纸为材料制作而成的柔性袋装容器，黏合与折叠相结合，一端开口，其余三面封口，它的形式有手提袋式、信封式、方底式、筒式、阀式、折叠式等，纸袋包装便于印刷、制作、携带，成本低廉，因为可以反复利用还能起到广告宣传的作用。例如，很多专卖店的纸袋包装设计非常具有个性，不仅方便了消费者随时携带物品，而且企业形象也得到了很好的展现。纸袋对物体的承重有一定的要求，不能装过重的商品，所以比较适合纺织品、服装类、小食品、小商品等的包装。

2. 纸杯

纸杯是用纸板制成杯筒与杯座，经过模压咬合形成杯体的小型纸质容器，通常口大底小，可以叠起来，便于储存、运输，具有轻便、卫生可印刷彩色图文的特点，纸杯形状有圆形、角形、圆筒形等若干种，都适合机械化自动化设备高效率成型制造和充填，通常用于盛装奶茶、冰淇淋、快餐食品、饮用水等。

3. 纸板桶

纸板桶是以箱纸板、牛皮箱纸板或瓦楞纸板为基础材料在卷绕设备上卷绕而成，桶壁为多层结构，配以固定的底和盖，其中纸管、纸罐与纸桶的筒径较大，可以卡住桶壁，也有用复合纸制作的各种纸筒。纸板桶的形状大多为圆柱形，瓦楞纸桶结构形式多为六棱柱和八棱柱。

4. 瓦楞纸箱

瓦楞纸箱一般是以比较厚的瓦楞纸板制成的，结构设计趋向标准化、系统化。与其他材料相比，由于其质量轻，可折叠，具有一定的刚度和缓冲性，加工工艺方便简单等优点，主要用于运输包装盒外包装。瓦楞纸板经过分切、压痕、开槽开角后，制成瓦楞纸箱箱坯，然后经过黏合或金属钉钉合而成，其设计注重功能性的体现和商品信息简洁、准确的传达。

5. 纸浆模塑制品

纸浆的运用与纸张一样有着悠久的历史，纸浆不像再生纸那样需要高质量的漂白表面，然而，它同样不乏质感，同样光洁，同样富有肌理。纸浆为消费者提供了一系列不含化学产品的环保包装，符合现代包装设计趋势，鸡蛋的包装盒是纸浆包装的最为典型的代表，现在很多电子产品的防震包装也选择纸浆模塑制品，如手机的防震包装内盒，既能体现完美适应手机的各种外形，又能起到非常好的保护作用。

## 二、硬质包装容器造型设计

硬质包装容器造型主要指以玻璃、陶瓷、塑料、金属等材料设计制造的瓶、罐、筒、盒、箱包装。由于材料和加工工艺方法不同，其造型方法也不同。纸盒材料的包装适合制作直角、直线平面和单曲面的形态，而玻璃、陶瓷、塑料等使用模具成型的容器，生产单曲面和双曲面比直角平面的容易。

圆柱形和球形可以旋转成型，瓶形壁厚均匀，而直角平面的角部材料均匀度不易保证。由于这类材料大都采用热熔性成型工艺，所以水平平面不易保证平整度，易下凹变形，这是在硬质容器造型设计中需引起重视的问题。此外，模具成型涉及脱模问题，所以在形态设计中也受到工艺的局限。

硬质包装容器的造型原理和纸盒包装有许多共同之处，即主要以多种线、面构成形态，造型主要通过线、面的变化进行，运用线、面增减，长短、大小、方向、角度的变化，直线曲线，平面曲面的对比产生适度的体量感和形式美感。一般来说，线形给人以轮廓感，面形给人以体量感，它们可分造型线和装饰线，造型线是构成包装的主体形态线和主体结构线，是在虚空间中占有的实空间轮廓形线，从另一个角度说，即三视图的可见形线。

空间透视和阴影感的三维立体造型，与三视图感觉并不完全相同。它包括视觉中的错觉在内，比如，在三视图中主视图为正方形的茶杯，其给人的空间造型感觉并非是正方形的，而略像长方形。故在容器造型设计审美中要注意到这种差异。装饰线在容器造型中属辅助线，主要对包装造型面起分割、比例作用，表现层次感、凹凸感、对比感，在包装造型中有时起到很大的作用。一般来说，纸盒包装造型中使用较少，硬质包装容器造型中使用较多。

在包装造型中，线和面不可分离，有线必有面，有面必存在线，设计时线面必须同时考虑。硬质包装容器主要以瓶形为主，瓶的造型也是工艺最复杂多变的，形式变化最多的容器。如果收集从古至今的各种容器造型可能不下几万种，但如果我们能掌握科学的设计方法，仍然能设计出更多、更新颖具有个性的瓶形。要设计好新的瓶形，首先要了解影响造型的几个关键部位及其作用。

(一) 瓶盖造型法

在研究设计瓶形时，有些人常常将瓶盖排除在外或脱离瓶形单独考虑，这是错误的。瓶盖是瓶形整体造型的一个重要部分，有时它直接影响到瓶形的感觉。相同的瓶身盖上不同的瓶盖其造型完全不同。瓶盖是和瓶口相连接的部位，设计时必须与瓶形宏观造型一起考虑。设计瓶口、瓶颈时，同时考虑瓶盖造型，设计瓶盖时则更要按瓶口大小、瓶颈长短，与整体瓶形的协调性和创造个性的要求，还要考虑到内装产品的商品特性要求、消费使用方式、密封度、保护功能、开启的方便性、安全性等。对内装液态、粉态、粒状及有内压的产品（啤酒、汽水等），其盖的设计要求是不同的，不能单从造型角度考虑。瓶盖造型形线变化主要在三个部位。

1. 盖顶线、面的变化

有平盖顶、凹盖顶、凸盖顶、立体盖顶、斜盖顶、易拉盖顶、推拉铰链盖顶等多种，不同造型的盖顶需不同结构。

2. 盖角线面的变化

盖角指盖面和盖体的交接过渡部位，虽然面积很小，但它的变化对盖形在视觉上同样会产生一定的影响。这个部位主要是转角的平直和弧度大小，也可由盖体轮纹延伸到盖角。

3. 盖体线、面的变化

盖体是盖造型的主要视觉部位，其尺度、线形曲直的改变，直接影响盖的造型和瓶形整体线形的变化，瓶盖按高度分主要口盖、颈盖等类型。

（1）口盖。口盖是最短的一种盖形，一般指高度刚好将瓶口和螺纹（或咬口）遮住的瓶盖，如一般的冠盖、王冠盖、易开盖、金属安全盖、一般螺旋盖、轮纹塑料塞盖等。这是最常用的盖形。口盖因盖体较短，其线面的变化范围不可能很大，其造型变化除盖顶、盖角可参考前面盖顶、盖角的方法外，盖体主要采用台阶形、梯形、轮纹形、角面形或非圆形的几何形截面造型。这种造型必须与瓶形配套协调，如三角形瓶盖与三角形瓶形配套。

（2）颈盖。颈盖是指盖体高度将瓶颈大部或全部遮盖住的瓶盖，从视觉上看瓶盖较高，其盖体可变化的范围比口盖要大，瓶盖造型对瓶形的影响也较大，方法基本与口盖相同。

（二）瓶口造型法

由于涉及密封和消费使用，一般来说，瓶口造型不作很大的变化。因为对于某些产品，其瓶口与瓶盖螺纹关系及尺寸是不变的或采取标准化生产的，因此，瓶口造型首先取决于设计定位采用何种封口方式。有些产品既可采用细口瓶形也可采用广口瓶形，则粗和细的变化会对瓶形视觉产生较大的影响。

(三) 瓶颈造型法

瓶颈造型法是不改变基本型的其他形线、形面，只改变瓶颈的线、面形态，设计创造具有个性的新的瓶形。

从造型上分析，瓶颈上接瓶口下接瓶肩，故瓶颈的形线可分为三部分：口颈线、颈中线和颈肩线，这三部分组成瓶颈造型的基本线，其形面也随线形的变化而变化。瓶颈的形线变化及其造型取决于你对瓶形总体的造型构思，可分无颈型 (大部分广口瓶属这一类)、短颈型 (雪碧类饮料瓶) 和长颈型 (酒类)。无颈型一般由颈口直接连肩线，无颈就是这种瓶型的主要造型特点。短颈型只有一个较短的颈部，其颈口线、颈中线、颈肩线很短，甚至不分，所以其形线变化一般较简单，常采用直线、凸弧线或凹弧线几种，也有在短颈部设计成一较明显的环片凸起，起到用手指夹住，提起时防滑落的作用。长颈型则颈线较长可以明显进行颈口线、颈中线和颈肩线的造型变化，这种变化会使瓶形产生新的形态感觉。其造型的基本原理和方法同样是采用对颈部各部位的尺寸、角度、曲率进行加减对比，这种对比不但是颈部自身的对比，同时必须照顾到与瓶形整体线形的对比关系和协调关系。对于需贴颈标的瓶形则造型上需注意瓶颈的形状和长短符合贴颈标要求。

(四) 瓶肩造型法

瓶肩上接瓶颈下接瓶胸是瓶形线面变化的重要部位，这种造型法同样是在保持口、颈、胸、腹、足、底基本形不变的情况下，只改变瓶肩塑造新的瓶形。

瓶肩造型中可将肩线分成肩颈线、肩中线和肩胸线三部分，肩颈线设计时必须考虑肩和颈的连接过渡关系，肩胸线则主要考虑肩和胸的过渡协调关系。一般来说，颈线的角度变化不大，而肩线是瓶形中角度变化最大的线形，所以它对瓶造型变化的影响起到很大的作用。

肩线通常可分 "平肩形" "抛肩形" "斜肩形" "美人肩形" "阶梯肩形" 几种。各种肩形又可通过肩的长短、角度及曲直线型的变化产生很多不同的肩部造型，不同的肩形和不同的肩线具有不同的个性，这与人的肩形和所穿服装的肩部造型一样，"平肩" 是肩部接近水平，它具有西服一样的挺拔潇洒充满精神朝气。"抛肩" 就相当于现代妇女抛肩服装，给人一种身材修长又充满活力的感觉。"斜肩"则如一般无垫肩服装，具有自然洒脱感。"美人肩"则具有古典妇女线形柔和苗条感。"阶梯肩"是肩部有一个以上的环形台阶，就如肩部挂的项链，起到增加凹凸装饰线形的作用，像茅台酒瓶形。

在肩部造型中，同样的肩形采用直线平面、直线曲面或曲线曲面，其造型感觉也完全不同，如果是非圆形瓶体则具有两对以上不同方向的肩线和肩面，其肩形平斜和曲直的变化则能创造更多的造型。

(五)胸、腹造型法

胸、腹是瓶形包装容器中的两个不同造型部位，由于胸、腹是瓶体的主要部位，对大多数瓶形来说这两个部位的形线常常紧密联系在一起，而且与形线的变化直接相关，所以造型时既可分开考虑也可合并考虑。

胸腹上接肩线下接足线，所以可分成胸肩线、胸腹线和腹足线三部分。其造型方法与肩颈相同，由于胸腹面积大，所以线形和面形变化更丰富。

归纳起来，胸腹线面造型可以分以下几种：

(1)直线单曲面造型。这是最普通最常见的瓶体造型，圆柱形瓶体就属这类，将直线单曲改变角度和长度就可形变成各种不同的正梯形单曲面和侧梯形单曲面造型。

(2)直线平面造型。这是各种方形、矩形瓶形，如果将平面与平面之间的直角进行大小变化就创造了平面圆角瓶形。

(3)曲线平面造型。平面主视投影由长短和不同曲率的弧线组成，侧视由直线平面组成的造型，具有明显的曲直对比感，造型丰富，视觉力度强大。

(六)瓶足造型法

瓶足在造型中常被忽视，认为对形态没有什么影响，其实若进行认真推敲，结合瓶体同样可以创造新的有特色的瓶形。

瓶足线上接胸腹线下接瓶底线，虽然瓶足线形变尺度不大但仍有造型的余地，同样可以采用直线平面、曲线平面、曲线曲面、正曲、反曲，塑造新的造型，瓶足造型与瓶体其他部位一样必须注意模具和工艺的可行性，否则设计再好也没有用。

### 三、包装容器造型的步骤和审美

#### (一)包装容器造型设计的步骤

设计步骤是为了使设计工作能按一定的规律和顺序较科学合理进行而总结出来的。一些学习者常常不重视规律和步骤的必要性，对设计十分重要的前提资料、设计定位等在尚不明确时就开始进入形态设计，常常会造成反复和失误或举棋不定，事倍功半。

包装容器造型设计应当遵循以下步骤进行：

1. 市场和消费对象定位

设计的第一步必须了解和确定产品销售地区、销售对象的层面，了解该地区市场同类产品的品质，包装造型的特点个性，消费者的审美趣味及消费心理、消费习惯、风俗，作为造型设计创意定位的参考。不了解市场和消费对象的设计必然是盲目的设计。

2. 产品使用功能和使用方法定位

设计之初一定要先了解产品的特性，使用功能和如何使用，在包装设计时才能充分考虑到保护商品的功能，考虑采用什么样的材料和形态结构更利于保护商品，便于消费者的使用。

3. 成本价格档次定位

档次定位包括商品本身的价格档次和包装允许的成本价格，了解了商品的价格、档次才能正确选择材料、工艺，装饰装潢的档次定位才能较正确，避免出现包装档次和产品档次不符的情况。这种档次的不符会造成因包装成本过高而使企业利润降低或因包装档次过低而影响销售。过分包装不但会造成商品欺骗性，也是一种物质的浪费。

4. 材料工艺定位

选用什么包装材料必然涉及采用什么样的成型工艺，这个问题与包装价格成本、商品特性、使用功能、商品市场及消费者都有十分密切的关系。确定什么样的材料和什么样的工艺后，造型才能避免某些局限性或根据不可避免的局限性进行可行性设计。

5. 基本尺度和容量定位

不同的产品有不同的容量要求，有些是固定的标准化容量，有些可以根据企业对市场、产品功能特性和消费者习惯要求设定，有时为了创造企业产品的某种造型个性形象，或引导消费观念和消费习惯，设定企业特有的装量。相同容量的产品可以设计成不同的造型，不同容量的产品其包装造型变化可更大。同一容量因长、宽、高基本尺度改变可以产生瘦高型、适中型和矮胖型等多种不同的基本形态，因此，基本尺度和容量的定位对设计的基调确定具有很大的影响。

6. 造型风格形式定位

这是设计形式问题，与市场、消费者有着密切的关系。形式是信息和情感传达的载体，美感必须通过某种形式去体现。情感和美感是心理学上的概念，它是一切设计活动最重要的目的之一。任何设计若不能激发消费欲望，不能给人以美感就不会有很好的视觉冲击力，就会降低知觉度、注意度、兴趣度，更不可能产生购买欲望。风格形式定位决定了包装造型给人的感觉特征是典型传统风格、民族风格、时尚风格，还是典型的现代夸张变形风格、装饰风格，是欧美风格还是东方风格，有时这方面的定位对产品的销售会产生很大的影响。

7. 基础造型构思草图

在有关定位框架明确后方能正式开始包装造型的构思草图设计，构思草图也叫方案草图，是设计中的一种横向设计思考，即在前面各点所形成的设计概念的基础上，从各个不同的方位、角度，尽自己的设想能力全方位去大胆设想和创造形态，把所能想到的构思用草图记录下来。一个设计常常要构思出几十个甚至上百个方案草图，然后逐个进行分析评估，选择最符合设计目标创意的若干个较有价值的方案进一步修改加工。设计草图可以较小，基本按比例，不必非常严密。

8. 包装造型设计草图

设计草图是在构思草图所筛选出的有价值方案的基础上进行的纵向构思发展和修改。如果说构思草图是宏观和广角的设计，则设计草图是一种具有艺术深度的设计或修改，在设计草图阶段完成基本方案。设计草图必须较为严格地按比例进行，对多个设计草图进行比较筛选后确定 1~2 个方案按比例画成较正规的三视图草图，然后进入模型制作阶段，这一步可以用电脑完成。

9. 草模制作

在设计三视图草图的基础上进行草模制作，即将二维的立体转换成三维实体，以便从多个角度审视比较造型的感觉和工艺可行性是否达到设计的理想要求，在草模的基础上进行形、线、面、整体和局部的修改直到达到设计要求为止。通过草模的修改可使形式美获得三维立体的真实感。

草模一般可用泥巴、橡皮泥、石膏等制作，根据修改后的草模型线及面的变化对设计草图进行修正，其中包括容量尺寸的计算和核定。

10. 正模制作

在草模核定的图纸基础上，严格按比例精心加工制作正模。原则上正模从整体到局部细节，包括后期喷漆色彩和表面光洁度。文字装潢均要达到真实产品的效果。这是一个精细和复杂的制作过程，需要良好的模型制作技能，在正模制作的过程中仍可对造型进行理性的和艺术的修改直到满意为止。正模制作可根据实物的材料质感选择不同的模型材料，通常塑料、陶瓷和非透明玻璃可采用易加工的石膏或 ABS 工程塑料板制作。石膏模主要靠浇制的石膏块进行粗削、精削、粗磨（砂皮纸）和精磨（细水砂皮纸），然后烘干喷漆，用刮字纸刮字或绘制瓶贴贴上去，制成仿真瓶形实物模型。若采用 ABS 工程塑料板（2～3厘米厚），则先制精细的石膏阳模，再在阳模上翻阴模（翻成哈夫模），然后将翻过阴模的阳模去掉 ABS 板的厚度，作为热压的模心，将 ABS 板在电烘箱中加热到软化，快速取出放到哈夫阴模上，将模心对位压下，冷却成型，将成型的毛坯切割砂磨至理想尺寸，将两块这样的形片用三氯甲烷粘接成瓶形，再砂磨接缝，抛光喷漆，便可制成空心的更有真实感的瓶形。对于透明瓶形则用透明有机板用同样方法制作模型，这种方法制成的瓶形可罐装各种色彩的液态产品和粉状、粒状产品，更具有真实感。

11. 设计定型制图

根据正模修正草模图纸，完成造型的定型尺寸图纸或模具生产图纸。

(二) 包装容器造型的形式审美

造型艺术设计是一种理性和感性交混的形象思维创造活动。说它是理性的是因为在整个设计过程中必须严肃认真、科学理智地面对材料、加工工艺、使用功能、使用方法、消费心理、市场、经济价格等一系列不可避免的制约和局限性。说它是感性的是因为艺术的美的感觉是主观的，不同的产品对造型艺术有不同的要求，不同的消费者有不同的审美修养和情趣，即俗语"萝卜青菜各有所爱"。所以，无论是纸质包装还是硬质包装容器的造型设计其形式美法则既有也无。因为审美是多向性的，情感性的，十分复杂，并非由单一的因素所决定。审美是人对客体的美的一种感觉，这种感觉很难定量或用明确的界面去衡量判断。美是相比较而存在的，它具有相对性和模糊性，而且在某种程度上还有四维特性，即在一定的时空中被认为美的东西进入另一时空时会被人们所抛弃，认为是不美的。从历史角度和不同地区不同审美观差异到处可以找出无数这样的例子，历史上一度盛行过的"美"被其后的审美感所淘汰的比比皆是。清朝时期流行的服饰今天仅仅作为一种历史艺术美去欣赏而不会有人去穿戴。各少数民族的服装很美，但非本民族的人一般不会去穿戴。不同民族、地域，不同年龄、文化、修养对美的感受是不同的。在产品造型和包装容器造型上，不同的商品特性需要配以不同的形态。某种形态对这种产品是合适的，具有美感，而对另一种产品就是不合适的，不美的，所以不能简单地就形态本身去谈"美"的问题。孔府家酒的瓶形是缩小了的传统酒瓮造型风格，显得古朴、敦厚，一见这种瓶形便会使人产生甘醇的陈年酒香感，但如果用这种造型装现代汽水、可乐或洗头膏、洗发水产品，显然不是一种理想的、具有美感的造型。同样用现代洗发水等化妆品瓶形去装酒或奶粉就会使人不舒服，不会产生美感。所以包装容器造型的美丑不能简单地从线、面关系去评价，要想笼统地为整个包装容器造型归纳出一个美的公式或法则是很困难的。中国对艺术方法历来流传几句名言："无法之法，乃为至法""经意之极，若不经意"不无道理，说明真正的艺术和美是无法以法度量的。今天我们极力想去总结归纳出一套美的法则，无非是为了有利于初学者从无知到有知的理解以求取最终获得真知的升华。

随着社会的发展，文化、观念、时尚、生活方式、审美趣味都在变，作为一个设计师只有紧跟时代的变化，不断学习，提高自身文化、艺术、科学、技术的综合修养和素质，丰富三美（美学、美感、美术）知识提高三美能力，加强对设计艺术的研究才能真正理解"无法之法，乃为至法"的真谛。

尽管"美"是相对的、模糊的、无法量度的，但它能在"比较"中产生，还是可以根据每个人的审美经验去判断美和不美之间哪怕是微小的差别，特别是对于有较高审美修养或受过专业训练的人，他们往往具有十分敏感的"美"的比较能力。对于形式美我们仍然可以从感觉和理性的角度总结出一些适用于一般情况下的某些规律，即可以把创造性的对比变化经由理性的协调平衡获得美感，看成是艺术形式美的最重要法则。也就是能使人在视觉上产生新颖感的同时具有舒服感的方法。

# 第三节　仿生形态在包装设计造型实践中的应用

包装容器是包装设计中的一个重要组成部分，它是贮存、保护内容物的容器，并且它本身也具备促销的功能。走进各大商场、超市，我们都能发现，到处都陈列着琳琅满目的商品，使人眼花缭乱，目不暇接。而在这些品种繁多的商品中，最吸引人的当属那些包装容器精致典雅、造型独特的商品，特别是那些模仿自然生物形态设计的包装容器造型，它吸引着无数的消费者，使人流连忘返，我们常常被这一款款充满灵性的设计所打动。众多的仿生形态包装容器造型中最典型的应该是香水和酒的包装容器造型。

## 一、仿生设计与包装造型设计

### (一) 仿生设计概念

仿生的概念由来已久，人类的仿生意识与行为古已有之，但并没有成为一个学科体系，直到20世纪50年代，人类开始意识到向生物系统学习是开发新科学技术的重要途径，并更多地以将模仿自然界中的生物来革新思想观念和进行发明创造。到了1960年仿生学才最终成为一门独立的新的学科。

准确来说，仿生学隶属于生物学中的"应用生物学"，是人类受到生物进化的启示在众多领域进行的研究与实践。仿生学又是生物学与数学、工程技术学等学科间相辅相成而形成的一门新兴学科。

仿生学自问世以来，研究领域和内容迅速扩充，分化成众多的学科分支，如电子仿生、机械仿生、化学仿生、建筑仿生、分子仿生等，仿生学的研究应用在人类科技发展和生活水平的提高方面发挥了重大作用，无论是宏观的仿生还是微观的仿生。

仿生设计学不同于仿生学成果的应用，它的研究对象范围更广，包括自然界中自然物的形态、色彩、肌理、结构、功能等，仿生设计借鉴仿生学的研究原理，巧妙地应用于设计中，为设计提供新的理念与灵感。

从某种意义上来说，仿生设计延续并发展了旧有的仿生学，一些仿生学的研究成果是通过仿生设计的再创造在人类的生活中得到反映。仿生设计主要是结合艺术与科学，运用这种思维与方法从人性化角度出发，同时在物质与精神上追求人与自然、艺术与技术、主观与客观等多元因素的相互融合与设计创新，体现辩证唯物主义的审美观念。仿生设计给人类带来生活方式和思想观念、社会生产活动与大自然之间的平衡，以及人类社会与自然间的和谐。

(二) 仿生形态包装容器造型设计

仿生形态包装容器造型设计是在研究自然界生物体与其他自然存在物的典型外部形态结构特征及其象征寓意认知的基础上，以自然界生物机体或其他自然存在物的形态为原型进行再加工创造的设计思维方法和设计手段。它通过对包装容器造型与仿生形态设计关系的研究，以自然形态为基本元素，从自然形态中发掘更多的原创点，通过解构、简化、提炼、抽象、夸张等艺术手法的表现，结合包装容器造型设计的自身特点，把握自然物的内在活力与本质，传达其内在结构蕴含的生命力量，使包装形态设计既具有质朴、纯真的视觉效应，又蕴含丰富的艺术精神与价值内涵，从而创造出更具人性化、创新性、艺术化、情趣化、生活化的包装容器造型。仿生形态包装容器造型大大增加了包装的趣味性和生动性，使人爱不释手，并且有些造型还有一定的纪念意义。

比如，在包装容器造型设计上模仿女性的生理特征，设计师在深入研究女性生理特征与曲线魅力之后，通过再创造模仿设计出女性化妆品的包装容器造型，这种容器在造型上就非常直观地体现出女性的特征，充满着特别的魅力，能够更好地诠释化妆品的属性。例如，巴黎"Love Girls"牌香水，柔和的浅蓝色瓶子模仿女性人体的造型，极具韵律美感，宛如一位亭亭玉立的冰雪佳丽，深受众多女性的青睐。由此可见，包装容器造型的设计与自然界生物的形态有着千丝万缕的联系。

## 二、常见的仿生形态设计方法

### (一)具象仿生和抽象仿生

从仿生形态再现事物的逼真程度和特征来看，包装容器造型的仿生形态设计可分为具象仿生法和抽象仿生法。

1.具象仿生法

具象仿生法是透过眼睛构造以生理的自然反应，诚实地把外界之形映入眼睛刺激神经后感觉到存在的形态。它比较逼真地再现事物的形态。

2.抽象仿生法

抽象仿生法是指用简洁概括的包装容器造型形态反映被模仿物独特的本质特征。此形态作用于人时，会产生"心理"形态，这种"心理"形态必须依靠生活经验的积累，经过联想和想象把形态浮现在脑海中，那是一种虚幻的，不实的形态，但是这个形态经过个人的主观的联想所产生的形态变化多端，这与生理上感觉到的形态存在很大的差异。

### (二)整体仿生和局部仿生

按照仿生形态模仿的完整性来划分，仿生形态设计又可分为整体仿生法和局部仿生法。

1.整体仿生法

整体的仿生是以产品的整体造型为载体，进行仿生形态的设计。由于整体仿生形态在造型上拥有较多的曲面，因此，不适用乳状物质的包装容器造型设计。整体的仿生形态更具有艺术感染力。一般在化妆品和酒类包装容器造型中运用得较多。

2. 局部仿生法

局部造型的仿生设计是相对于整体的仿生来划分的，即通过对产品的某一部分或某一构件进行仿生形态设计。

(三) 静态仿生和动态仿生

按模仿生物的态势又可划分为静态仿生法和动态仿生法。

1. 静态仿生法

静态造型的仿生是根据自然生物的"形"进行包装容器造型的仿生形态设计，以利用和体现生物平面外形特征为主，在把握其个性与共性特征的基础上，选择符合包装物设计概念和要素要求的生物静态的平面"形"进行设计模仿、再现或演变、转化。静态仿生的包装容器造型有着宁静、稳重、含蓄、品位的特征，一般这类仿生造型较适合成熟群体的消费品包装容器造型设计，给人以低调、沉着、稳重的体验。

2. 动态仿生法

动态造型的仿生设计是相对于静态仿生形态设计来说的，它是对生物的"态"进行的模仿设计。生物的空间、立体和生存行为、动态特征是仿生设计的重要内容，仿生物"态"的设计比仿生物"形"所设计的包装容器造型具有更完整、更生动、更具活力的生物形态特征，因而也使包装容器造型本身具有更加突出的美感、表现力和意义特征。动态仿生造型较适合学生、儿童等所消费的产品包装容器造型，因为动态仿生的包装容器造型与年轻人的活泼、好动、充满活力的性格特征相吻合。它们既给消费者以生命感，同时还具有趣味性，使得消费者在使用该产品的过程中能够体会到积极的、快乐的享受。

# 第五章 包装设计的构思与表现形式

包装设计是一种有效的营销手段，现代包装的本质就是发挥促销作用。在设计过程中，设计构思与表现往往是设计师最花费精力的部分，因为要创造有利于产品销售的包装形式，就要选择恰当的构思与表现手法。包装设计的结果外人看起来非常简单，但是作为包装设计，它确是一个非常复杂的构思过程，设计师要付出艰辛的脑力劳动。我们在市场上看到的对促销有利的包装形态，没有一件是随心所欲的设计。包装设计师选择的恰当的构思与表现，决定了一个包装是否具有销售价值。只有从销售角度出发，周全考虑各种因素，才能指导我们在构思时选择正确的表现形式。

# 第一节 包装设计构思的原则与重点

包装是产品由生产转入市场流通的一个重要环节。包装设计是包装的灵魂，是包装成功与否的重要因素。激烈的市场竞争不但推动了产品与消费的发展，同时不可避免地推动了企业战略的更新，其中包装设计也被放在市场竞争的重要位置上。包装设计是和市场流通结合最紧密的设计，设计的成败完全有赖于市场的检验。所以，市场学、消费心理学，始终贯穿在包装设计中。包装设计构思的原则与重点也是包装设计中需要考虑的重要问题。

## 一、包装设计构思的原则

现代消费者在选购商品时大多脚步匆匆，又由于物资丰盛，消费者选择商品的余地大，他们大都挑选自己满意的商品，这就需要在包装设计时解决几个基本问题：

### (一)醒目性原则

多数情况下，消费者都是到超市或大型商场购物，商品都是在无人售货的状态下进行"自我销售"。这就要求商品的包装必须在最短时间内吸引消费者的视线。因此，利用一切视觉表现符号，如色彩、图形、文字、图片、商标、造型等，使商品包装呈现一种强烈的视觉冲击力，达到引人注目的目的。

### (二)易辨认原则

保护商品是包装的主要功能，但是在保护功能的前提下，商品的内容、特点、容量、使用方法、产地等要能确切辨认，否则保护的目的就会受到影响。所以，设计师应设计出让消费者一目了然的作品。

(三) 引起消费者好感原则

在设计中对包装做到醒目并不难，难的是在醒目的同时还能引起消费者的好感，没有好感的设计难以达到促销的目的。

## 二、包装设计构思的重点

所谓重点，是指表现内容的集中点与视觉语言的冲击点。包装设计的画面是有限的，这是空间的局限。同时，产品也要在很短的时间内为消费者所认可，这是时间的局限。由于时间与空间的局限，我们不可能在包装上做到面面俱到。我们在设计时要把握重点，在有限的时间与空间里去打动消费者。

(一) 突出商品的自身形象

突出商品自身形象的构思手法多采用摄影技术，其包装画面的主体多是真实效果或图案效果的商品形象。突出商品自身形象的构思手法多用于食品包装和工业品包装。用在食品包装上，可以将食品的色、香、味淋漓尽致地传达给消费者，并引起人们的食欲；若用在工业品包装上，可以让产品以直观、醒目的效果展现出来，让人产生一种"眼见为实"的体验。同时，采用透明或开窗的表现形式还可以拉近商品和销售对象之间的距离，进而更加坚定消费者对商品的认同感。

(二) 突出商品的生产原料

通过突出商品的生产原料，可以把商品的"根源"讲述给销售群体，提高辨别性，便于识别和选购，还可以给人一种"货真价实"的心理反应。更为重要的是，突出商品的生产原料也比较符合当前多数人追求"回归自然"，降低"人为加工"的心理诉求。

(三) 突出商品的使用对象

一个商品、一个包装乃至整个设计行为均要把使用者作为其功能与价值的"落脚点"，最终达到"物有所主"的目标。包装画面以具体形象展示使用对象的所属。例如，女性用品、老年人用品、儿童用品和宠物用品等商品的针对性是显而易见的。

(四)突出商品的特征符号

每种商品都能给人们的视觉与心理留下不同的"印象"。例如,泡泡糖的包装可以强调圆形和泡泡的特征,冰激凌的包装可以强调冰爽及甜的特征,以求和销售对象产生共鸣。这些特征符号若在包装上进行艺术加工,不但可以使消费者产生联想并增加产品的魅力,而且也能提高包装设计的时尚性、象征性和装饰性。

(五)突出商品的品牌

塑造品牌和传播企业形象是在时代进步下企业发展所必须面对的重大挑战之一。在包装画面中以鲜明的品牌和商标或相关的文字进行强调与装饰,既能使企业和商品更加直接地与消费者进行沟通,同时也可以加深消费群体对企业和相应品牌的印象与支持率。突出商品品牌可以做到简洁明了,形式感强,但要注重商标图案和文字在信息传达中的准确性。

另外,包装设计要很好地处理商品、消费、销售三者之间的关系,从而有利于提高商品的销售。

对于一些大的、有很高知名度的企业,我们可以用商标或品牌号表现重点;具有自身特色或有某种特殊功能的产品或新产品的包装则可以用产品本身作为重点;一些对使用者针对性强的商品包装可以以消费者为表现重点,只有重点突出了,才能让消费者在最短时间内了解产品,产生购买欲。

设计构思的主要任务是调动各种艺术手段塑造一个理想的商品形象。这个"商品形象"不是商品本身的客观模样,而是包含有关商品的属性、档次、情感、风格等多种特征的整体陈述,是在对商品的整体感受和认识基础上进行的创意构想。设计构思必须从整体出发,整体是由局部各要素内部因素有机维系的,而不是各要素的机械相加和拼凑。商品的主要特征首先是从整体形象中表现出来的,消费者对商品的认识和感受也是首先从整体形象中获得的。整体构思,要始终贯穿于设计的全过程,并随着设计过程不断深化。设计水平的高低,首先取决于构思水平的高低,而把握整体是设计构思的关键。如果在设计构思过程中缺乏整体意识,就不可能塑造出一个完整的商品形象。总之，不论如何表现，都要以传达明确的内容和信息为重点。

# 第二节　包装设计构思的方法

设计构思是一种围绕设计任务进行构造想象的思维活动。包装容器造型设计可以应用多种方式、从多种角度追求包装容器的造型美、材质美和工艺美。下面具体介绍包装容器造型设计的构思方法。

## 一、体块加减组合法

在应用体块加减组合造型处理方法时，首先要以一个基本的体块作为原形，然后对其体块进行减法切割及加法组合，从而得到更加丰富多变的造型体面。在设计过程中，要充分考虑整体与局部、局部与局部之间的大小比例关系，空间层次关系和协调统一的关系。体块加减组合法在形态设计中具有实际的意义，是获取新形态的有效方法之一。例如，"Dior"的护肤品与香水包装容器造型设计均以体块作为基本形进行加减设计。通常情况下，香水包装容器由瓶身的扁圆体和瓶颈的圆柱体组合而成，瓶身边角的圆形处理圆润、流畅；护肤品包装容器以方柱体作为基本形组合而成，但瓶身仍然保持原有方柱体棱角分明的特点，只做了小的圆角处理，整体设计协调统一，具有层次感。

## 二、形态模仿设计法

形态模仿与仿生相似，但又有不同，形态模仿主要体现"形似"或"形同"，通过夸张、抽象或变形等造型手法使产品个性更加协调一致。而仿生追求的是"神似"，造型手法主要是概括、提取、抽象等。

## 三、仿生造型设计法

仿生设计方法是最具有活力的设计创新方法，其主要方法是模拟自然界中的人物、动物、植物、自然景观等形态和人工形态，将原有的形态进行夸张、概括、提炼、抽象等艺术化处理，目的是设计出生动有趣的造型。人类根据仿生学原理创造出了许多既美观又实用的包装容器。例如，香水瓶模拟服饰、人物姿态等作为仿生设计的原形，两者皆为女士用香水包装容器，前者造型简洁、稳重有力，后者造型优雅华贵、线条流畅。

## 四、联想构思设计法

围绕产品本身展开联想构思，可以应用各种手法来直接表现具体产品形象，也可以采用开窗的方式直接露出产品。

## 五、移位构思设计法

不考虑产品与包装的直接联系，使包装与产品之间的气质、身份达成一致性，在色彩、构图上求新求奇，这类包装多用于专卖店。例如，男士配饰包装，在富有肌理的包装盒上，突出商品品牌，朴素与华丽形成对比，加深人们对产品的印象。这种构思方法在设计上往往体现素雅，以此与包装内容物形成一定对比。

## 六、通透变化法

通透变化法是将容器造型进行减法切割处理，使其体身出现"洞"或"孔"的空间，获得一种新的、简洁明快的、线条流畅统一的形式美感。这种设计手法有的是为了追求造型的个性美，有的是为了实际功能的需要。

## 七、变异设计法

变异设计手法是指在相对规律、统一的造型中，设计出局部不规律的形体、色泽、材料，以此产生独特的视觉效果，借以打破规律性的统一单调感，使设计显得活跃和出众，是不可忽视的一种设计手法。

## 八、包装盖体变化法

包装容器盖体的审美性直接影响着容器造型的整体视觉感受。在保证功能、使用方式、整体造型需要的前提下，对盖体的丰富变化可以起到为整体设计"画龙点睛"的作用，提高容器的审美性。

## 九、表面肌理对比法

肌理对比的形态意味可以引起人们的诸多直接感受，人们可以通过触摸物体表面的感受和经验转化为视觉和心理感知。在容器造型设计中充分结合使用功能的需要，造型局部应用不同的肌理效果处理，可以增大视觉的对比层次感和非常舒适的触觉摩擦感。例如，香水包装容器在瓶体的局部应用凹凸纹理和不同材质的肌理与原有的光洁透明玻璃效果形成对比，不但充分表达了产品视觉元素及材质的对比美感，而且具有防滑落的实用功能。

## 十、抽象构思设计法

充分利用产品的形象、色彩或品牌、功能寓意，依照产品的特定服务对象，用抽象的图形、色彩衬托产品，凸显产品，求得新的形式美。

## 十一、情趣构思设计法

赋予包装清新的商品趣味，使商品艺术化，提高了商品的格调，特别适合传统产品、节日礼品、儿童产品的设计。

# 第三节　包装设计创造性思维的开拓及应用

众所周知，艺术设计人才是极富创造精神和创新能力的创造型人才。心理学研究表明：创造性思维是智力活动的重要部分。这是一种摆脱了习惯定式解决问题的思维方式，它鼓励在发散性思维的基础上有效地对思维模式进行整合，创造性解决问题。其核心是创造性思维。同时，创新意识和创造能力也须以创造性思维为基础。创造思维是智能发展的高级形式，将其落实到包装设计上，又要结合传播学和营销学的原理，以市场和消费群为指向，它是一门实用艺术，所以，探讨包装设计的创造性思维开拓并不是可以任意地去发挥想象力，我们其实是在总结具有广泛适用性的方法，但方法不是一个具体的固有模式，设计也忌讳生搬硬套，能够理解和灵活应用才是关键。

本节重点介绍包装设计创造性思维的开拓及应用。

## 一、设计中的创造性思维

### (一) 创造性思维

人们对于创造性思维有不同的定义：①创造性思维是一种具有首创精神的高层次的心理反映。②创造性思维是一种高水平的复杂思维形式，是多种思维形式的复合运动。③创造性思维是在已有知识和经验基础上进行的思维。④创造性思维是发现新问题并从中找出新答案的过程。

综上所述，可概括为：第一，肯定创造性思维是反映事物及其相互的联系的，是反映事物自身发展进程和规律的；第二，创造性思维具有"创造性""同传统观点不同"。事实上，创造性思维的出现，是思维某一过程的前进或飞跃，它的内容和形式的某些因子，一定包含前一过程或同一过程的前一阶段中。它可能是平庸的、惰性的、带有封闭的性质。而当它进入另一过程后，它可能是新奇的、活力的和有创造性。据此，可以说创造性思维是反映事物及其相互间合理联系的前进型心理过程。任何思维，不管其全体或部分在另外的或前段的思维过程中是否出现过，只要在现实的这一过程是合理的、前进的，一般应认为它是创造性思维。

### (二) 设计与创造性思维

创造性地解决问题的过程，就是设计的过程。它是通过一系列特定的行为和手段，最终实现某种愿望、目的和需要。创造性思维贯穿于包装容器造型设计的始终，它使包装设计产生新的想法，创造出新的作品。创意是思维的结晶，创造性思维是一种高级思维。它有自己鲜明的特征，将这种思维与具体设计相结合可掌握其规律，从而获得无止境的创造能力。用科学的包装容器造型设计的创造性方法，能够开拓新思路并最大限度地提出多种设想、多个方案。

## 二、创造性思维的形成过程

### (一) 思维过程中的四个阶段

美国心理学家华莱士 1926 年出版的《思想的艺术》通过对许多创造发明家的自述经验的研究，提出了创造性思维过程的四个阶段——准备、酝酿、启发和检验的著名理论。

1. 准备阶段

这是提出课题、搜集各种材料、进行思考的过程，也就是有意识地努力的时期。要想从事创造活动，首先要提出有价值的问题。创造性思维就是围绕这些问题展开的，而且，这些问题决定着思维的方向。因此，提出有意义、有价值的问题成为这个阶段的重要一环。

那么，在包装设计活动中，首先要明确做什么？具体来讲，就是：为什么样的产品设计包装，需要配合一个什么样的营销计划，传播的重点是什么。当然，在这里，这个准备阶段并不是由设计师独立来完成的，企业的决策是主导。接着，思维者有意识地收集资料、挑选信息，或同时进行一些初步的反复试验，认识课题的特点，通过反复思考和尝试来努力解决问题。

收集资料，虽然设计本身属于艺术的范畴，但是将其运用到包装领域，就必须注重其附加的经济价值，所以对产品和企业的深入了解，对市场的准确把握是绝对有必要的。

搜集素材，发现有价值的素材，是设计师的必备素养，从众多的素材中挑选出最适合最能准确传达产品或企业理念的诉求点，这种眼光是一个观念上的问题，它涉及的层面十分广泛，这是设计师和技术员的区别，所以无论是企业还是设计师自己都应该重视并利用这种能力，技术是一种表达思想的手段，不能起到决定性作用。

一些实验性的设计构想此刻虽然并不能完整地形成系统，但在思维活动中会出现有跳跃性的片段。这是一个有趣的阶段，就是这种目的性不那么强的直接的想法，往往就省去了后面的过程，直接得到了令人满意的结果。

2. 酝酿阶段

假如直接的解决不能立即得到，酝酿阶段随即来临。酝酿在其性质和持续时间上变化很大，它可能只需要几分钟，也可能需要几天、几星期、几个月甚至更长的时间。

在这个时期里，思维者不再蓄意解决问题，或者说已经暂时"放弃"了，从现象上看是有意识的努力一度中断的时期。但在这个时期，无意识的大脑活动仍在继续，即大脑的潜在意识仍在不知不觉地对收集到的材料进行筛选和重组。

当然，包装设计经历的酝酿过程通常不像科学研发创造需要那么长的酝酿期。由于这个阶段伴随着无意识的大脑活动，这种无意识其实是对能力的潜在考验，很难想象一个对设计一窍不通的人，会在潜意识里形成什么有价值的思考。

好的设计师就具有这种酿造名酒的能力，这时候设计师的思想可以说是酒窖，他的作用不是存放素材，而是整合、提炼，将精华熔于一炉，这种能力并不是每个人都有的，能力与能力间也有差异，除了自身的天赋和敏感程度以外，长时间的积累也很重要。

3. 启发阶段

这一阶段又称顿悟期或灵感期。这种"顿悟"，是人自身有意识地努力得来的。它的出现，大都发生在疲倦不堪、一度休息之后，或者是正当转而注意别的事情、完全忘神的时候。这种所谓的"顿悟"并不是由语言表达出来，而是通过视觉上的幻象表达出来。这种顿悟一出现，就不同于别的许多经验，它是突然的、完整的、强烈的。

这个过程在所有艺术创作中经常遇到。在经历了无意识的混沌期之后，囤积在潜意识里的成果突然被某一现象或事物触发，这就是所谓的艺术家的灵感。同时，也把创造者和服从者的思维过程彻底地划分开来。

当然，这个过程是有一定偶然性的，它并不是一个必须经历的固定模式，所以，我们应该重视但不能盲目依赖于此而放弃积极的努力。

4. 检验阶段

并非所有的问题都以这种突然的强烈的经验而解决，这种经验也可能是和问题的错误解决伴随产生。所以，这种灵感的成果还必须经历一个仔细琢磨、具体加工和验证的过程。这是对整个创造过程的反思，以使创造成果建立在科学的理论基础之上，并物化为能被他人所理解和接受的形式。这一阶段，又是在意识的支配下进行的。

回归理性，同时包装设计活动也进入了局部的实施阶段，这时候思考的结果需要转变成具体的形象，经过自己的实践，有意识地对一些细节进行处理，拿出一个具体的形象或者方案，来接受企业和市场的检验。

(二) 收放自如的思维方式

美国心理学家吉尔福特在对创造性思维的研究中，提出了发散思维（divergent thinking）和辐合思维（convergent thinking）的区分。吉尔福特认为，发散思维"是从给定的信息中产生信息，其着重点是从同一的来源中产生各种各样的为数众多的输出，很可能会发生转换作用"。吉尔福特提出的发散能力测验要求不止一个正确的答案，其评分的主要依据是反应的新颖和多样。

例如，要求受试者提出一块砖的多种用途或给一个短篇故事想标题。辐合思维是依据给定的零散信息得出一个有效的或合理的答案或结论。具体来说，辐合思维是在发散思维所提供的大量事实的基础上，经过分析和比较从中提出一个可能正确的答案或结论，然后经过检验、修改、再检验，甚至被推翻，再在此基础上集中，提出一个最佳的、有效的答案或结论。

在一个完整的思维行动中，发散思维和辐合思维是互为前提、交互进行的。在进行包装设计构思的时候，设计者总是先千方百计调集自己已有的知识经验，而每一个知识经验则是以往辐合思维的产物，以这些知识经验为前提，也就是以辐合思维为前提。调集有关知识经验的过程，就是发散思维的过程，即通过联想和回忆，尽可能多地从不同角度寻求解决问题的假设、途径和方案。这是一个举一反三、触类旁通，尽量争取一题多解的过程。

所以，需要考虑的问题就不是单一的，而筛选工作也就显得极为重要，选择具有广泛认同的受大多数人喜欢的方案需要的不只是个人的审美能力，还有能够把握全局，故此又回到了华莱士心理学的第一阶段，对市场的现状的调查，对企业文化的了解，对消费心理、审美心理的把握等因素都显得十分重要。

经过多角度地、灵活地、细致地思考，便最大可能地获得了解决问题的假设或途径，而各种各样的假设或途径中即包含着在相对意义上最佳的、富有创造性的结果。当思维达到一定的发散程度后，便需要及时改变思维策略，由发散思维过渡到辐合思维。这是一个由多到一或众中挑一的聚合过程，它需要对所获得的各种材料进行反复分析、比较、加工、整理，最终求得一个最佳的解决方案或途径。

由此可见，作为一个完整的创造性思维过程，既离不开发散思维，也离不开辐合思维，而且呈现出一种二者相互促进、相互转化、交互推进的思维程序，无论科学创造或艺术创作，都是在经历这样一个思维行程之后才获得创造性成果的。

（三）灵感是一个"序列链"

刘奎林是目前我国系统研究灵感思维的一位学者，他在华莱士"四阶段"理论的基础上，进一步就创造性思维中的灵感思维的过程进行了研究，提出了"诱发灵感的机制序列链"理论。他认为这个序列链由五道程序组成，即"境域—启迪—跃迁—顿悟—验证"。

1.境域

指的是那种足可诱发灵感迸发的充分且必要的境界。这里强调的境界是由设计师深厚的文化积淀和职业素养决定的，设计的艺术属性决定了它需要挖掘自创作者意识深层微妙感知，现代科技的发展，数字技术的广泛应用往往让我们忽略了境域的重要性，很多时候，我们常常有这样的感觉，没有做不到，只有想不到。技术只是手段，重要的是看创作者是否有如此境界了。

2.启迪

就是指机遇诱发灵感的偶然性的信息。创造者的灵感孕育一经达到了饱和程度，只要有某一相关信息偶然启迪，顷刻间就可豁然开朗。这和华莱士的启发阶段是一致的，只不过这里更强调触发灵感的信息，这一可遇不可求的特殊媒介，也就说明了创作的偶然性。

3.跃迁

即指灵感发生时的那种非逻辑质变方式，经过显意识与潜意识的交互作用，潜意识即进入一种推理程序的、非连续的质变过程。潜意识的信息加工过程，一般人们无法意识到在形态上或在能量上的中间循序过渡环节，它是灵感思维的一种高级质变方式。

艺术是感性的，我们的理论也是在总结这些感性的作品中形成的，绝对理性化的分析归纳，套用理论，按部就班，是谈不上创造的。包装设计是一个限定性比较强的创作活动，所以非理性的因素本身就比较少，设计者要表达的不是自己的想法，敏锐的感性思维如果没有发挥作用，设计出来的包装也就谈不上什么创新，只是在已有的形式上做点改动罢了。

4. 顿悟

西方学者贝克·塞尼特和塞西认为：创造性思维需要某种形式的"跳跃"。这种思维的跳跃，我们就称之为"顿悟"，它是指灵感在潜意识孕育成熟后，同显意识沟通时的瞬间表现。它是人类创造活动中一种复杂的心理现象和精神现象。

显意识是可控的，潜意识则相反，在创造性思维中，这一环节一旦发生，常常让人兴奋不已，因为它常常具有瞬时突发性与偶然巧合性的特征。人的思维过程是一个十分庞杂的系统，对于设计人员而言，也许无须过分地注重和了解这些内容，但是它给我们总结了一些规律，稍加把握可能会有意想不到的收获。

5. 验证

指的是对灵感思维结果的真伪进行科学的分析和鉴定。其实对于包装设计师来说，验证不光是来自自己，也来自企业和消费者，分析和鉴定依据的可能不是什么高深的科学原理，而是市场。

以上五个程序，彼此间紧密联系，互相制约，从而形成一个以显意识去调动潜意识，诱发灵感发生的有机系统。

刘奎林的"序列链"理论为我们说明了灵感思维的全过程所需经历的五个阶段。灵感思维虽然与创造性思维不是同一概念，但灵感思维在创造性思维中占重要地位。

我们从华莱士的"四阶段"理论中可以看到，其"酝酿""启发"的过程，着重指的也是灵感思维的过程。刘奎林的"序列链"理论，则着重说明的是灵感思维的全过程。我们将二者结合起来理解，就会对创造性思维的过程有一个更全面、更深刻的认识。

从以上介绍的三种理论可以看出，华莱士和刘奎林的过程论主要是从认知的心理上揭示了包括显意识和潜意识在内的创造性思维的全过程，不过刘奎林是着重于灵感思维；而吉尔福特的过程论则是从"发散"和"辐合"两种在显意识进行中所运用的重要方式上说明了创造性思维的过程。可见，他们是从不同的角度为我们来揭示创造性思维的过程。

## 三、包装设计中的创造性思维模式

包装设计中的创造性思维模式主要有联想、多向思维、聚向思维与逆向思维。

（一）联想

联想思维法是根据事物之间都具有接近、相似或相对的特点，进行由此及彼、由近及远、由表及里的一种心理过程和思考方法。它能够培养思维的深刻性。它是通过对两种以上事物之间存在的关联性与可比性，去扩展人脑中固有的思维，使其由旧见新，由已知推未知，从而获得更多的设想、预见和推测。

联想思维是建立在逻辑思维之上的正确想象的必然结果。联想思维一般要遵守三条法则：

（1）接近刺激联想。联想的事物之间必须有某些方面的接近与联系，能在时间或空间上使人脑与外界刺激联系起来；

（2）相似引发联想。联想事物对大脑产生刺激后，大脑能很快作出反应，回想起与同一刺激或环境相似之经验；

（3）对比导致联想。大脑能想起与这一刺激完全相反的经验。

在艺术创作的过程中，联想与想象是记忆的提炼、升华、扩展和创造，而不是简单的再现。从这个过程中产生的一个设想导致另一个设想或更多的设想，从而不断地创作出新的作品。包装的创新也是一个相对的概念，它也是在现有或者以往的众多包装产品中的扩展创造出来的。联想的思维模式能够让人更善于深入思考。

（二）多向思维

多向思维又称发散思维、扩散思维、辐射思维，它是从一个目标或思维起点出发，尽可能向各个方向拓展，顺应各个角度，提出各种设想，求得多种不同的解决方法，进而衍生出多种不同结果。根据美国学者吉尔福特的理论研究：与人的创造力密切相关的是发散性思维能力与其转换的因素。他指出：有发散性加工或转化的地方，都表明发生了创造性思维。发散思维法能够培养思维的灵活性。

发散思维的培养是创造性思维训练的一个重要环节，思维过程是自然的连贯的，在我们思考的时候，并没有第一要想什么，第二要考虑什么诸如此类严格的规定，但是我们现在把它分门别类来归纳其规律，并有意识地去按照一定的方法锻炼，就是要在这样的训练中培养良好的思维习惯，当习惯形成以后，思维过程就不再是下意识地遵循某种条框进行，而是成为自然而然的灵感迸发，这对设计者来说是很重要的。发散思维的培养应注意流畅、灵活、独创的特点。

(三) 聚向思维

聚向思维也称为收敛思维、聚合思维或集束思维，与多向思维相反，它是在已有的众多信息中寻找最佳的解决问题方法的思维过程。在收敛思维过程中，要想准确发现最佳的方法或方案，必须综合考察各种思维成果，进行综合的比较和分析。因此，综合性是收敛思维的重要特点。收敛式综合不是简单的排列组合，而是具有创新性的整合，即以目标为核心，对原有的知识从内容和结构上进行有目的的选择和重组。

收敛思维的具体方法很多，常见的有抽象与概括、分析与综合、比较与类比、归纳与演绎、定性与定量等。

(四) 逆向思维

逆向思维法是相对于惯性思维而言的，又称反向思维、逆反思维，是指从对立面提出问题和思索问题的过程。它常常与事物常理相悖，但却达到了出其不意的效果。因此，在创造性思维中，逆向思维是最活跃的部分。其实有时创新就是一种破坏构成，它是对传统的一种颠覆，反其道行之，故此卓尔不群。

逆向思维可以分为方向逆转型、置换逆转型和状态逆转型三类。其中，方向逆转型是逆向思维最为主要的类型。它打破了线性思维的指向性，将其思维方向进行逆转和颠覆，以创立一种新的思考方向和化解问题的途径。置换逆转型思维是指在研究具体问题或处理具体事务的过程中，运用看似不相干或非常规的方法来进行思考的思维方法。状态转换型逆向思维是指利用事物的不同状态特点，甚至利用其缺陷和不利因素来寻求具体问题的解决方法。它不仅是一种思维模式，更是一种独特的智慧。

逆向思维由于其丰富的内涵和价值，常常被人们应用于科学研究和艺术研究之中，是一种极具理论研究意义和实践意义的思想与方法论。

## 四、创造性思维在包装设计中的应用

这里以逆向思维为例进行简要分析。

### (一)包装图形中的逆向思维

包装中的图形不仅具有美化装饰作用，它也能对产品的性质和属性进行说明和图解。在包装风格和消费诉求日益多元化的当代社会，传统的包装图形已不能再引起消费者的兴趣与注意。在快节奏的市场浪潮中，唯有开放多变的设计思路才是产品包装设计的生存法则。EOS 咖啡的系列包装采用了与其他咖啡产品截然不同的图形元素，设计师舍弃"整洁优雅"的传统咖啡包装的图形风格以及中规中矩的设计手法，转而将喝咖啡时杯子底部留下的污渍作为其包装设计的主体图形。这种通常被人们忽视或者讨厌的图形反而成为该系列包装的一大特色。更有趣的是，设计师将这些咖啡污渍的图形依据不同的大小和浓淡程度设计成不同风味咖啡的标志性图形，使消费者十分乐于辨别咖啡的类型。这种充满智慧的逆向设计思维和剑走偏锋的设计手法赋予了这款咖啡包装强烈的个性，从而达到了产品包装应有的宣传效果。

### (二)包装色彩中的逆向思维

众所周知，色彩能够影响人类的情绪，不同的色彩蕴含着不同的寓意。人们对色彩的固有印象形成包装色彩约定俗成的准则，例如，电子产品包装的色彩往往使用银灰等具有科技感的色彩，食品包装的色彩则常用明度和纯度较高的颜色以激发消费者的食欲，但这些色彩的"使用守则"容易使产品包装形象变得极为相似，千篇一律的包装色彩不但无法引起消费者的注意，反而容易使人产生审美疲劳。

近年来，可口可乐公司推出了新产品"酷黑可口可乐 zero"。它一反可口可乐在包装色彩上的惯用做法，用纯黑代替了人们熟悉的大红，有趣的是，尽管"可口可乐 zero"标榜"零热量、零卡路里"的概念，但其外包装中的黑色却显得一点也不"轻"，这种看似违反用色常识的包装色彩，却使其在超市货架上显得非常抢眼。由此可见，继承传统固然重要，然而能打破传统，使传统观念焕发新的生机则需要更大的勇气和智慧。

# 第四节　包装设计的表现形式

包装可以说是心理探索的媒介物。人的心理活动是人类特有的活动，人脑不断地接收各类信息、引发消费者的购买欲望和购买动机。因此，包装设计的表现形式尤为重要。由于市场千变万化，企业经营策略也必然随之而调整，包装的表现手法自然也具有伸缩性和延展性。本节主要分析包装设计的表现形式。

## 一、包装设计的表现手法

### (一) 绘画表现

1. 绘画手法在包装中的应用

包装设计中，使用绘画语言表现画面元素具有随意、洒脱的视觉感受。绘画的表现语言多种多样，分别具有不同的视觉效果，不同的表现语言适用于不同的包装设计商品。例如，运动饮料主题的商品适合用具有强烈动感的表现语言、化妆品主题的商品适合用柔美的表现语言，其大都采用绘画风格表现，具有艺术性与实用性相结合的特点。如今不少作品中采用绘画表现形式，帅气、洒脱、具有力度感。

2. 绘画包装设计表现的实现

绘画语言表现包括油画棒语言、铅笔语言、速写钢笔语言、淡彩语言、彩色铅笔语言、干笔触语言、水墨语言、光滑笔触语言、粗糙笔触语言、涂鸦语言等，力度大的干笔触语言适合表现具有力度感、顿滞感、沧桑感、怀旧感、严肃感的主题；力度小的淡彩及水墨晕染语言适合表现和谐的、阴柔的、浪漫的主题等；光滑笔触语言适合表现硬朗、深刻的画面效果；粗糙笔触语言适合表现带有顿滞感、肌理、渲染的主题；涂鸦语言适合表现艺术的、个性的、革新的、叛逆的、诡异的画面效果。手写板绘图配合软件处理模拟绘画语言来表现画面的手法也大为常用，随着计算机技术的发展，将会发展得越发完善与人性化。

(二)抽象图形表现

1. 抽象图形类插图在包装设计中的应用

包装设计中的图形语言给人以现代、简洁的视觉感受。画面通过简化、概括、抽象、平面的语言把原本繁杂的事物凝练和整合，抓住事物主体形象特征，舍去次要的形象和部分，强化主体以表现主题，适合信息时代繁杂事物的信息传达。

2. 抽象图形包装设计表现的特点

包装设计中的抽象图形语言来源于生活中的客观事物和印记，是经过抽象、概括、提炼、加工、整合得来的，因此这种图形语言本身就是生活的缩影，是客观事物的反映。在信息量庞大的社会中，抽象图形因其简洁、震撼的视觉语言具有强烈的冲击力和饱和的视觉信息量，所以简洁、现代，适合现代社会的信息传播。简洁的图形语言应区别于简单，简单是指内容、结构或表现手法单一，缺乏内涵和表现力，因而不能准确地传播信息。抽象图形的变化单纯、简洁、明了和注重视觉力度又成为其追求的新风格，引领了符号性图形阶段的包装设计风格。图形创意的包装设计，是一种在摄影基础上更为简洁的、迎合快节奏生活中人们心理的简化作品，创意图形表现的包装设计往往使主题内涵更加深刻，通过简洁的形式就能将之表现出来。

3. 抽象图形包装设计表现的实现

包装设计中利用图形表现画面的手法，包括直观的图形语言表现、以形易形的图形表现和图形的维度转换表现等。采用直观的图形语言表现画面，可直接、快速、有效地传递图形信息；以形易形的图形设计在直观的图形表现基础上进行图形的相互转换，这种具有创意、超现实的表现手法更具有趣味性；图形的维度转换表现使图形在二维基础上向三维空间转换，或使三维的图形语言向二维维度转换，有时会产生空间的厚重感或形成矛盾空间，使画面更具有趣味性和怪异性。

（三）系列化表现

在包装中，视觉传达要素的设计相对独立于整体。运用变化的文字内容及精巧的排列组合并配合协调的色彩、风格类似且手法相近的图案，就可以达到丰富多彩且整体和谐统一的系列包装效果。

1. 文字的系列化表现

由于产品许多信息内容均需要用文字进行详细准确的表达，而且文字对于产品的内容说明及其统一的形象起着不可替代的作用，因此，统一的文字排列组合形式和文字式样的选择便成为系列化包装设计的一项重要内容。

包装设计中的文字包括品牌名称与说明文字两部分。品牌名称又称商标名称，其字数相对较少，并以醒目的视觉效果置于包装主展示面的重要位置；说明文字包括商品名称、批号、容量、生产日期、使用方法等，不宜采用多样式的字体形态，应使用标准的、识别性较强的字体为主。

总之，文字的设计要围绕产品的属性、特点及企业的背景文化进行构思，针对不同的包装对象设计出适合的字体形式。

2. 图形的系列化表现

在系列化包装设计中图形是其表现方式的重要元素之一，并与文字设计要素互补，从而共同为视觉传达的设计任务服务。图形要素在系列化包装设计中的特点是较为直观且视觉冲击力强烈。它既丰富了包装设计的整体视觉效果，又体现其内在的某种张力，使消费者印象深刻且过目不忘。

在具体的设计过程中，要注重构图的比例及位置，其形象既要一目了然又不能反客为主。图像的色调要和谐，其相关产品之间的色彩比例同样要协调。图片可以进行比例调整，放大或剪裁至人的舒适视觉大小，并形成一幅连续、扩展的画面，最终达到给消费者带来较强的感染力的视觉效果。

### 3.色彩的系列化表现

在系列化包装设计中同样存在另一种重要的表现手段——色彩。在众多视觉要素中，色彩相比文字、图形更能给人留下直接且强烈的视觉效果。色彩可以反映商品的类别、品牌。在商标、画面的构成形式及商品的外形得到有效统一后，设计师还可通过调整色调和色彩搭配来实现统一中的富有鲜明个性的色彩变化，使系列商品的视觉效果韵味十足。

为了确保包装整体色调的协调统一，在色相上可采用临近色或同类色。如果色彩差距过于明显、对比过强，在未经调和的情况下将使消费者感到混乱无序。相同色相、不同纯度和明度的色彩调和可以产生循序渐进的视觉效果。在明度及纯度的变化把握上，应采取弥补同类色相单调感的方法。

当然，在明度的把握上要尽量体现设计的一致性，达到个体之间的协调。例如，红、黄、蓝三原色明度差别较大，这就需要提高或降低单体产品设计的明度，减小反差，从而提高整体和谐统一的视觉效果。在纯度关系上做到纯度高低的和谐统一，尽其可能达到协调的视觉效果。设计师应主动调研并对比市场中竞争对手的包装样式。如果同类产品其他品牌均使用纯度较高、对比色彩强烈的设计元素，那么设计师应采用一种清新、简约的色彩风格以及对比和谐的系列包装设计，从而赢得消费者的青睐。

### 4.造型的系列化表现

包装造型是一种直接与消费者交流的语言，运用美学法则中的点、线、面、体等设计要素的构成规律对包装的立体外观进行艺术设计。包装造型设计的实用价值和形式美形成标志性的语言符号，深入人心。同一品牌的系列商品包装造型要求其无论在平面视觉效果还是风格上都要做到和谐统一，而其系列内的各类产品应适当追求单体包装造型的轻度变化并求得包装造型风格的多种多样，从而呈现出富有一定变化的立体美感效果。

### (四)摄影表现

### 1.摄影手法在包装中的应用

包装设计中，使用摄影语言表现画面元素具有直观的视觉感受。摄影语言说服力强、贴近现实、客观地反映生活，其形式可以是单独的摄影表现，可以是摄影蒙太奇表现，也可以是创意摄影表现，还可以是摄影与绘画、图形相结合的表现，具有多样化特征。一些包装的语言通过摄影形式可直观、震撼地表现主题。

2. 摄影包装设计表现的特点

摄影技法表现的作品直观、有说服力。摄影语言包括直观的摄影语言和创意摄影语言，后者即指超现实摄影语言，可在摄影的后期由电脑合成。摄影语言的运用要注意其光感的冲击力和内容的准确把握。

追溯历史，1839年巴黎的达盖尔（Daguerre）发明了摄影术，此后该技术便风行于西方世界，被广泛应用于社会生活的各个领域。摄影术发明后，人们很快发现了其商业价值，早在1840年摄影就成为具有强烈视觉表现力的媒体形式之一，在商业推销上取得了良好的收益。19世纪下半叶，大众慢慢地接受了包装摄影这种新兴的形式，其成为一种被广泛应用的包装艺术形式。此后，设计师将摄影作为设计的视觉元素，大量引入包装设计中。创意摄影即用摄影手段表现梦幻世界与现实世界、虚与实之间的关系，通过一种视觉语言本身表现超现实的意境，挖掘作品的内在情趣表现。

因此，超现实摄影既具有写实的直观摄影的基础，又具有创意图形所表现出来的意境和情趣，正是创意所在。创意摄影的包装作品不仅感染了受众，而且使摄影艺术家们感觉到了摄影艺术的自我价值和应用价值的存在。现在电脑技术空前发展，通过对摄影的蒙太奇处理实现时空转换合成，既快捷又具有视觉效果，是实现创意的有效方法之一。

3. 摄影包装设计表现的实现

摄影完成的包装作品可采用直观的摄影语言和创意摄影语言（即超现实摄影语言），直观的摄影语言表现的画面追求直接、冲击视觉的表现方式；而创意摄影语言的运用则通过摄影语言的技法及后期合成来表现其超现实的趣味和意境。欧洲视觉诗人冈特兰堡于20世纪80年代设计了摄影蒙太奇风格的包装，其作品中准确生动的视觉语言与精湛的摄影技术相结合，成为后人学习的典范。

（五）肌理表现

1. 肌理语言包装设计表现的特点

包装设计中，当有些视觉语言表现艺术的、顿滞的、沧桑的、历史的、怀旧的主题时，适当用肌理语言表现画面，可以渲染、烘托画面，达到事半功倍的效果。肌理的表现手法，顾名思义，是对视觉语言进行纹理化处理，也是对作品添加与装饰的表现，更具有表现力，更加丰富画面视觉效果，渲染作品的艺术氛围。

2. 肌理语言包装设计表现的实现

肌理语言可用人工合成，如绘画工具表现的肌理、生活中纹理物品加工合成的肌理；也可以用大自然中的肌理合成，如大自然中存在的物象的自然肌理语言等。肌理语言可以用画面中出现的全部视觉语言表现，也可以局部单独表现或多种语言对比表现。

肌理表现手法较为柔和、自然，渲染画面的效果较为理想。为了烘托画面氛围，根据主题内涵的需要可以采用不同的纹理来表现画面。

(六) 电脑绘画表现

近些年来，由于计算机辅助设计的发展，电脑绘画日臻成熟，不乏设计师采用电脑绘画语言代替手绘方式实现设计，有的采用绘画软件实现，有的采用手写板绘画结合 Photoshop 软件处理画面实现，效果非常真实。电脑绘画手法的可修改性和快速便捷性，给设计师带来了相当多的方便，同时也给传统的绘画表现方式带来很大冲击。随着电脑绘画表现方式的发展，将有越来越多的设计师青睐电脑绘画表现。

(七) 直接表现与间接表现

1. 直接表现

直接表现是指表现重点是内容物本身，包括表现其外观形态或用途、用法等。最常用的方法是运用摄影图片或开窗来表现。除了客观的直接表现外，还有以下一些运用辅助性方式的表现手法。

(1) 衬托。衬托是辅助方式之一，可以使主体得到更充分的表现。衬托的形象可以是具象的也可以是抽象的，处理中注意不要喧宾夺主。

(2) 对比。对比是衬托的一种转化形式，又叫反衬，即是从反面衬托使主体在反衬对比中得到更强烈的表现。对比部分可以具象，也可以抽象。在直接表现中，也可以用改变主体形象的办法来使其主要特征更加突出，其中归纳与夸张是比较常用的手法。

(3)归纳与夸张。归纳是以简化求鲜明，而夸张是以变化求突出，二者的共同点都是对主体形象作一些改变。夸张不但有所取舍，而且还有所强调，使主体形象虽然不合理，但却合情。这种手法在我国民间剪纸、泥玩具、皮影戏造型和国外卡通艺术中都有许多生动的例子，这种表现手法富有浪漫情趣。包装画面的夸张一般要注意体现可爱、生动、有趣的特点，而不宜采用丑化的形式。

(4)特写。特写是大取大舍，以局部表现整体的处理手法，以使主体的特点得到更为集中的表现。设计中要注意关注事物局部的某些特性。

2.间接表现

间接表现是比较内在的表现手法，即画面上不出现要表现的对象本身，而借助于其他有关事物来表现该对象。这种手法具有更加宽广的表现，在构思上往往用于表现内容物的某种属性或意念等。

就产品来说，有的东西无法进行直接表现，如香水、酒、洗衣粉等，这就需要用间接表现法来处理。为了求得新颖、独特、多变的表现效果，也往往从间接表现上求新、求变。

间接表现的手法是比喻、联想和象征。

(1)比喻。比喻的本体和喻体之间必须具有相似点，所采用的比喻成分必须是大多数人所共同了解的具体事物、具体形象，这就要求设计者具有比较丰富的生活知识和文化修养。

(2)联想。联想是因一事物而想起与之有关事物的思想活动，通常画面会有一定的思想引导作用，引导观者产生联想来补充画面上没有直接交代的东西。这是一种由此及彼的表现方法。

人们在观看一件设计商品时，并不只是简单的视觉接受，而总会产生一定的心理活动。产生什么样的心理活动，取决于设计的表现。各种具体的、抽象的形象都可以引起人们一定的联想，人们可以由鲜花想到爱情，由钢铁想到力量，由红酒想到浪漫等。又可以从抽象的红色想到激情，由绿色想到和平等，不同的事物会使人产生种种不同的联想。

(3)象征。这是比喻与联想相结合的转化，在表现的含义上更为抽象。在包装设计中，主要体现为在大多数人共同认识的基础上用以表达品牌的某种含义和某种商品的抽象属性，如用长城象征中华民族，用自由女神象征美国文化等。作为象征的媒介在含义的表达上应当具有一种不能随意变动的永久性。在象征表现中，色彩的象征性运用也很重要。

（八）情节刻画表现

企业很多产品的名称往往来自于民间传说或传统故事，其包装形象也常常反映了人们对于传统文化的缅怀和复古情绪。因此，包装设计者往往将表现了文化艺术和生产生活故事情节的题材运用到包装设计中，将充满浓厚文化和历史色彩的情节融入现代包装设计中，图文并茂。可增加商品的可读性与收藏性，同时使包装设计形式更为活泼。

（九）概念设计

通过材质、特殊的加工方式来进行包装设计，它体现的是一种设计理念，如香水容器的设计以工厂的机器零件、冰冷的金属实块为构成元素，体现了一种时尚的概念。

（十）综合技法表现

包装中的表现手法可以单一使用，突出一种手法的视觉效应；可以两种及多种表现手法对比使用，丰富画面视觉语言表现手法的对比，强化艺术表现力和感染力；也可以以立体实物表现包装的创意，通过多角度传达信息；还可以通过不同材料所表现的质感，使包装更真实且具有感染力。根据表现的主题内涵，应选择适当的表现手法。

## 二、包装设计的艺术风格

包装设计实现的手法多种多样，根据不同的主题应选择不同的手法加以表现，有力的表现有助于加深包装设计的深刻性。画面中设计插图表现手法的多样化体现在如下几方面：绘画语言多样化、摄影语言多样化、图形语言多样化，加之现代计算机技术可分别描绘不同视觉效果的电脑绘画、电脑偶然肌理画面，因此，设计师可以在表现技法上深入探究，选择适当的一种语言单独表现主题或多种语言综合表现主题，使画面更加深刻、生动。也就是说，包装设计的表现手法解决了画面表现力的问题，即恰当的艺术表现能够加强包装设计作品的视觉传达。

## 三、包装设计的表现要素

### (一) 外形要素

外形要素就是指商品包装展示面的外形，包括展示面的大小、尺寸和形状。包装的外形是包装设计的一个主要方面，如果外形设计合理，则可以节约包装材料、降低包装成本、减轻环保压力。

在考虑包装设计的外形要素时，应优先选择那些节省原材料的几何体。各种几何体中，若容积相同，则球形体的表面积最小；对于棱柱体来说，立方体的表面积要比长方体的表面积小；对于圆柱体来说，当圆柱体的高等于底面圆的直径时，其表面积最小。包装的形态主要有圆柱体、长方体、圆锥体、各种形体的组合形态以及因不同切割构成的各种形态。包装形态构成的新颖性对消费者的视觉引导起着十分重要的作用，奇特的视觉形态能给消费者留下深刻的印象。

### (二) 构图要素

构思与构图实际上是同时进行的，不可分开，交替操作。一定要边想边画草图，随时记录下自己的奇思妙想，这样在这些草图中就体现了构思，也就是构图。

构图的基本要求如下：

(1) 强调整体感。构图中不要有太具体的形象描画，用简单的点、线、面代替文字和图案的位置、大小、色彩关系。要注意包装盒体前、后、左、右四个大面与上、下两个面的和谐关系，不要有孤立、烦琐之感。

(2) 处理好主次关系 (主宾关系)。主要展示面是主体形象和品名所在位置，是主题，一般应放在中间偏上部位 (视觉中心)。

(3) 次要形象、文字 (如厂名、拼音字母等) 应与主体相呼应、协调、保持对比关系，离中心较远，小于主体形象与主要文字，明暗对比关系较弱。

关于构图方法，我国早就有对称式构图 (等形等量) 法，此外，均衡式构图 (等量不等形) 法也是形式美的法则之一。不要把"构图"这个概念只理解为二维的，其实"构图"在中国传统美的法则上早就有三维的内涵了。

在现代艺术设计中，可将构图归纳为由点、线、面等形象元素经过不同编排和组合的结果。

（1）点的构图，有两种格局，即规律式格局和自由式格局。

（2）线的构图，也可分为规律式格局和自由式格局。

（3）面的构图，可分为几何形、偶然形和具体形。

（4）分割式构图，其设计法始于20世纪二三十年代法国包豪斯（Bauhaus）时代，适用范围很广，严谨且稳定，给人以视觉上的舒适感。分割式构图方法易于掌握，可灵活运用，是现代设计中一种常用的方法。

（三）材料要素

材料要素是指商品包装所用材料表面的纹理和质感。利用不同材料的表面变化或表面形状，可以达到商品包装的最佳效果。包装所用材料种类繁多、形态各异，其功能作用、外观内容也各有千秋。无论是纸类材料、塑料材料、玻璃材料、金属材料、陶瓷材料、竹木材料还是其他复合材料，都具有不同的质地肌理效果。运用不同材料并妥善地加以组合配置，可给受众以新奇、冰凉或豪华等不同感觉。材料要素是包装设计的重要环节，它直接关系到包装的整体功能、经济成本、生产加工方式以及包装废弃物的回收处理等诸多方面的问题。

# 第六章 包装设计与印刷工艺

　　随着社会主义市场经济的发展，包装行业取得了一系列的进步，各种新技术、新设备、新材料不断地应用于包装设计工作中，印刷工艺在包装设计工作中具有非常广泛的应用，随着印刷工艺的进步，对于包装设计的影响也在不断地增大，印刷工艺在包装设计工作中具有非常广泛的应用，其对于保证设计质量的提升也具有非常重要的影响。

# 第一节　印刷工艺对包装设计的影响

随着社会主义市场经济及各项先进技术的发展，印刷工艺与包装设计有着密不可分的联系，随着各项技术的进步，印刷工艺在印刷技术及印刷质量上取得了一系列的进步，其中包含图像技术、文字技术、制版技术、分色技术、编辑技术、美术设计技术、文字处理技术、摄影技术、统筹技术等各方面的内容，其技术的进步及应用范围的扩大，对于包装设计具有非常重要的影响。

## 一、平版印刷工艺对于包装设计发展的影响

随着印刷工艺及包装工艺的发展，印刷工艺在包装设计中的应用范围越来越广泛，尤其是其中的平版印刷技术，其印刷载体非常广泛，并且随着各项技术的进步，其印刷质量在不断提升，由于其存在计算机直接制版、灵活的无齿轮直接驱动、操作方便的套筒等优点，使其在实际应用中，能够很好地满足各种印刷品的要求，其在不干胶印刷包装、商标标签、食品包装、医药包装、烟包装等领域具有非常广泛的应用。

随着社会主义市场经济的发展，对于包装设计也提出了更高的要求，既要求设计理念的先进性，又要求其包装材料符合节能环保的要求。在现代包装设计工作中，印刷工艺的应用是必不可少的，印刷工艺是相关的包装设计理念实现的最基本保证，包装设计工作中的文字、图形、颜色等都需要通过印刷工艺才能实现。所以，在实际的发展应用过程中，印刷工艺中任何一项技术及设备的进步都会对包装设计产生非常重要的影响。

现代社会发展过程中，不管是媒体的宣传、企业形象展示、环境设计、品牌形象、产品设计还是我们日常生活中的衣食住行等各个方面，都离不开包装设计，整个设计工作的好坏，对于相关产品的市场具有非常重要的影响。随着印刷工艺的巨大变革与进步，我国的包装设计也取得了巨大的发

展，不管是设计风格还是设计理念都出现了很大的变化，在实际的包装设计工作中，不同的经济体制下，包装设计的侧重点也存在较大的不同。现代社会的美观时尚、设计新颖的商品包装与印刷工艺的进步有着直接的关系，正因为有先进的印刷工艺作为支撑，各种多样化的包装设计才能得以实现。随着包装设计的发展，在其设计作品中，也经常看到印章、书法、传统图案等中国文化特征的元素，印刷工艺对于包装设计的影响由此可见。

## 二、凹轮印刷工艺对包装设计的影响

与平版印刷工艺相比，凹印包装设计的印刷工艺更加复杂，其科学性与系统性也得到了显著提升。与其他形式的印刷工艺相比，在凹轮印刷工艺中，其凹印制版的前期工序包括所有的平版印刷中的制版工艺。在包装设计过程中，如果需要用到凹印包装设计，相关设计人员需要熟练地掌握相关的印前工艺，并要熟练地掌握相关的计算机辅助设计技能，这样才能保证包装设计的质量及印刷品的印制质量，对凹印包装设计的印前设计、制版工艺特点等进行简单分析，其主要具有以下基本特点：

（1）防伪技术的应用。在开展包装设计的过程中，防伪设计是一个重要的设计内容，这对于保障商家的利益具有非常重要的作用，在凹印包装设计的过程中，可以通过对一些特殊的数字、文字、图形等进行相关的技术处理，以达到防伪的目的。

（2）条形码工艺。这是在商品包装设计中，最基本的设计内容，这是国际通用的商品代码，主要作用是对商品进行标识，在条形码的识别过程中，是根据其条空的边界及宽窄来进行的，这就需要在一定程度上增加条与空的颜色反差。

（3）色彩与网成使用工艺。在包装设计过程中，印刷与包装材料上的色彩是消费者最直接的视觉感受，在凹轮印刷制版过程中，需要在充分考虑色彩损失的情况下，对色彩平网的深、浅网成进行合理设计。

（4）文字处理工艺。在凹轮印刷工艺中，对于文字的处理具有非常严格的工艺要求，在实际的印刷过程中，文字的印刷质量对于包装设计信息的表达与传递具有非常重要的影响，这就需要制版人员在凹轮印刷过程中，综合考虑各种因素，对字体及文字大小进行合理的设置。

（5）压色工艺。凹轮印刷制版过程中，可以实现版面上不同色块之间的压色处理，对于保证印刷套印准确具有非常重要的作用。

通常情况下，凹印包装的印刷承载物是塑料薄膜，这与平版印刷相比，其印刷材料的改变，对于包装设计具有非常大的影响，这使得凹印包装设计广泛地应用于我们日常生活中的袋装商品的印刷包装中。凹轮印刷工艺在包装设计中的应用，也使得包装设计中其包装袋的结构变得多样化，就其封边方式而言，出现了四边封、三边封、两边封、中封等各种形式，并且其色彩饱和度、设计材料的多样化等都得到了显著提升。

## 三、立体印刷工艺对包装设计的影响

相比于其他形式的印刷工艺，立体印刷能够在二维平面上创造良好的立体视觉效果。立体印刷在包装设计中的应用对于包装设计的影响是显而易见的。它的出现使印刷工艺进入一个全新的领域，由于其独特的工艺特点及先进的技术功能，使其在包装设计中的应用范围日益广泛。

目前常用的几种立体印刷工艺有全息立体印刷、动感立体印刷和普通立体印刷。在立体印刷过程中，最显著的特点就是有效地利用光学原理，对二维图像进行相关的处理，使其能够达到一种三维的视觉效果。普通的立体印刷技术是将圆弧移动立体拍摄的底片，采用一定的处理方式，最后得到立体照片，再通过一系列的工序，实现其印刷；动感立体印刷与普通立体印刷的制作原理大致相同，只是进行一定的观察角度的变换，就能够产生较好的视觉动感效果；全息立体印刷，采用的是以激光全息摄影为基础的新型立体印刷技术，其在印刷过程中充分利用了特殊的激光成像原理。

由于立体印刷技术的印刷工艺的先进性，随着社会市场经济的发展，其在包装设计中的应用范围日益广泛。立体印刷具有独特的应用优势，如将立体印刷工艺应用于包装设计的防伪方面，具有非常好的防伪功能，仿造者是很难对其进行扫描、复制的，并且这种形式的防伪标识易于消费者辨认。立体印刷工艺能够很好地表达出设计者的设计创意，取得非常好的视觉效果和装饰效果，这在一定程度上能够增加商品的附加价值，对于商品的营销具有积极的作用。

# 第二节　包装设计印刷的特点与作用

人类文明的进步和人类信息传播的发展息息相关，印刷在人类信息传播中始终扮演着一个非常重要的角色。包装可以说离不开印刷，包装印刷在经济飞速发展的今天，已经从文化印刷中分离出来，形成了一个很有自身特点的工业门类，而且在国民经济的发展中占据了一个很重要的位置。一个设计，从开始构思，设计者就应该考虑其投入生产时的可行性，了解包装的印刷知识，只有这样，才能自由地设想，自主地计划，并自信地看到作品的诞生。

## 一、包装设计印刷的特点

### (一) 包装印刷品价值的依附性特点

包装印刷是为商品流通服务的。用于商品包装的印刷品不是最终商品。只有把包装的印刷品依附于被包装的商品之上，并注入商品的整体价值之中，才能体现出包装印刷品的价值。

包装印刷品虽然不是独立的商品，但对于美化商品却有着十分重要的作用。包装印刷品具有艺术特点。一件精美的包装印刷品，既是印刷产品，也是工艺美术设计师精心创作的艺术品。

### (二) 包装印刷方式多样化特点

随着商品经济的发展，对商品包装印刷的要求不断提高；随着包装用材料的多样化和印刷技术的发展，必然使包装印刷方式多样化。

### (三) 包装印刷品种类的特点

1. 纸质包装印刷品

纸质包装印刷是以纸、纸板为承印物所进行的印刷。纸质包装印刷品有纸箱、纸袋、手提袋、折叠纸盒、纸杯等。

2. 金属包装印刷品

金属包装印刷是以金属材料为承印物所进行的印刷。金属包装印刷品有润滑油罐、油墨桶、月饼盒、饼干桶等。

3. 塑料包装印刷品

塑料包装印刷是指以塑料薄膜或塑料制品为承印物所进行的印刷。塑料包装印刷品有塑料提袋、塑料编织袋、塑料箱、塑料瓶、塑料桶、塑料软管、薄壁塑料容器等。

4. 包装装潢印刷品

包装装潢印刷是以商品为承印物所进行的印刷。包装装潢印刷品有计算机键盘的按键、计算器的面板、乒乓球、T恤衫、钢笔、圆珠笔、茶杯等商品表面上的图文印刷等。

## 二、包装设计印刷的作用

### (一) 保护商品

一种商品生产出来后必然要经过十几次仓储、运输和上架等流通环节，才能到达消费者手中，其间会出现各种损坏商品的因素，如挤压、碰撞、雨淋、日晒等。为便于保护商品必须对商品进行包装和包装印刷。

### (二) 提供各种信息标志

商品被包装后，需要经过包装印刷把商品的各种信息印在包装材料的表面上，便于商品流通和消费者购买。这些信息包括商品的名称、型号、价格、防伪标志等。

### (三) 美化商品

美化商品有利于刺激消费者购买商品。商品的美化通常表现为包装品优美的外形和精美的印刷图案和色彩。

# 第三节　包装设计印刷的前期准备

商品包装在正式进入印刷车间印刷前要进行前期的印刷准备，这些准备就包括印刷稿的绘制、印刷要素的准备、印刷纸张的选择和印前准备，这些印刷的前期准备都直接关系到印刷的可能性和印刷的最终效果。

## 一、绘制印刷稿

### (一) 印刷稿的手工绘制

手工制版是一种最原始的制版方法，分辨力较差，但比较经济。手工制版包括描绘法、蚀刻法、手雕菲林制版法。例如，古代木刻凸版印刷的印版就是通过刀刻出来的；丝网印刷的镂空版也是用刀在纸或塑料等基材上镂刻出来的；平版印刷最初的印版——石版的制版方法也是用笔在版上画出来的。现在仍然在应用的复制古代国画的木刻水印的制版方法就是手工方法刻出来的。

以丝网印刷为例，手工绘制印版的方法较多，包括手雕菲林制版法、液体封网制版法、纸封闭法等。手雕菲林制版法是将菲林压附在设计原稿上，用锋利的尖刀沿图文的边线刻通菲林（注意不要刻通底纸），将需要印刷的图文部分菲林剥去，然后将菲林版贴在丝网的底面，揭去底纸，留下菲林作为丝网的防漏层，就完成了手工雕制版的制作。这种方法比较精细，印刷的质量和数量很高。液体封网制版法又称液体画图制版法，根据设计要求制作出漏空的图文部分，用封网胶液涂满图文以外的地方。纸封闭法是直接利用薄纸刻制图文轮廓，待压上丝网，用所印刷的油墨在上面刮两次，利用油墨本身的黏性将薄纸粘住后，再仔细地将图文部分揭下，就成为纸封闭网版，这种方法适合印刷图文轮廓简单、印刷数量少的图形。

手工绘制包装印刷稿时除了绘制包装装潢设计图上的图形、图像、文字，同时还要绘制出包装纸盒结构刀模图。纸盒印刷后需要用刀模来切成品以及压折叠线，纸盒结构刀模图是用来排刀模的，刀模线必须和包装结构线位置一致，不能有任何误差，不然会在切割的时候刀模和包装结构偏离，产生包装盒的装潢设计画面与边缘线错位，导致不合格品的产生。

### (二) 感光与制版设备合成

利用感光技术的成果，通过原稿上明暗部位的不同感光度，将原稿信息传递到感光菲林上，再由菲林转移到印版，这就是感光制版。通过感光制版在印刷版上建立差别明显的图文部分和空白部分，图文部分应该能够吸收油墨，而空白部分则完全不吸收油墨。

感光制版需要的设备和材料有制版照相机、滤色片、网屏、拷贝设备和感光材料等。

制版照相机是拍摄原稿以获取制版底片的一种特制照相机。它有镜头、滤色片、网屏、三棱镜、照明光源等部件，可进行等大、放大、缩小、透光、棱镜、分色、加网等照相工艺，以获得所需的各种底片。

滤色片是一种对光的不同波长具有选择性吸收和透过的有色光学器件，又叫滤色器或滤色镜。在照相制版中，主要利用滤色片进行原稿的分色，在镜头上加上某种颜色的滤色片，使通过一部分色光的同时，又能吸收或限制另一部分色光的通过，以达到有选择的感光效果。

网屏是照相制版工艺中的重要光学器具之一，它是将连续调图像通过网屏拍摄或拷贝分解成可印刷复制的网点或网穴的加网工具。网屏的粗细以单位长度内刻画线数的多少来表示，单位为：线／厘米或线／英寸。常用的网线数有：53线／厘米、60线／厘米、70线／厘米、80线／厘米等多种。有的国家用英制表示，即线／英寸，如53线／厘米即为133线／英寸。网线数越多，则表示网线越细，单位面积内分解所得网点越多，表现层次越丰富；反之，表现层次越差。

在照相制版操作中，有时要将阴片拷贝成阳片或将阳片拷贝成阴片，这时就要用到拷贝设备。拷贝得到的是原先图文的镜像，或者说是原先图文的反像；图文密度高的地方，拷贝后密度低，图文密度低的地方，拷贝后密度高；拷贝不需要进行调焦等操作，得到的结果是和原先图文等大的。

制版的感光材料按其对不同颜色光波的感受范围的敏感性能分类，有以下几种：①色盲片是感光乳剂中未加光谱增感剂的感光片，它只能感受紫色光，对其他色光感受迟钝或无感受。②正色片能感受紫色光、蓝色光和黄色光，对红色光感受性能差，所以可在暗红灯下作业。③全色片感光乳剂中加有全色增感剂，能感受光谱中人眼可见的所有色光。它对绿光不太敏感，作业时可在极暗的绿灯下检查。

感光制版主要有直接法和间接法两种。直接感光制版法是在绷好的丝网上涂一层感光胶，待干后，以正片或画在透明纸的图文片放在感光丝网版上，经强光晒版后，感光部位经受光硬化，未感光的图文部位经温水显影冲洗而溶化，从而得到所需的丝网印版。这种方法技术要求较高，工作室的温度、湿度以及操作人员的经验都十分重要，但节省了材料，提高了图像的清晰度。间接法也叫转移法，与直接法不同的是，不是直接在丝网版上感光，而是通过一张丝网感光膜（感光菲林片）在晒版、显影后再转移到丝网版上。这种方法使得修正的机会较多，制版容易控制，较直接法工艺简单、质量好，特别是在层次再现上，但使用感光材料较多，制版成本较高。

（三）电脑辅助设计绘制

随着科技的进步，印刷稿的制作已经从手工向电脑辅助制作转换了，省去了很多制版工序的烦琐过程，减少了制版材料的使用，印刷变得更环保。

利用 CTP（计算机直接制版）技术将计算机处理好的页面文件通过光栅处理器 RIP 的解释控制激光器，在印刷版材上直接曝光形成上机印版。CTP 技术是全数字化流程生产，没有菲林消耗，省去了原有制版胶片的制作过程和传统的晒版工艺，节省了人工、胶片、胶片显影的费用，网点再现范围广，能够实现 1%~99% 网点的输出，减少了中间环节造成的质量损失，缩短了制版周期。计算机辅助绘制印刷稿的常用软件还包括 Photoshop、CorelDraw、Illustrator、PageMaker 等几种。Photoshop 是位图软件，适于处理图像和照片，还可以调整和处理图像中的不足和瑕疵，能达到手工绘制达不到的效果。但是使用计算机处理图片之前，常常需要扫描输入图片，扫描的效果如何，直接关系到印刷品的质量，扫描的精度一般设置为每英寸 300 像素以上，最好使用原尺寸图片，或者是缩小尺寸的图片，这样才能使印刷品的精度较好。CorelDraw 和 Illustrator 属于矢量图软件，擅长绘制线条和图形，可以用于文字与纸盒结构的制作。不论使用什么图片处理软件，都应该把色彩模式设置为 CMYK 模式，使用印刷可以表现的色彩，计算机里有印刷色谱图录供印刷设计师查看和使用。

计算机辅助印刷系统开始了对照相分色等传统印刷技术的淘汰，直接制版等印前技术逐步由模拟处理向数字技术转变，使印前处理的质量和效率得到提高。

## 二、印刷要素的准备

在从设计到成品的整个印刷过程中，有四个基本的决定性要素，即印刷机械、油墨、印版和承印物。

(一) 印刷机械

根据印刷方式和印版结构的不同，印刷机械可以分为凸版印刷机、平版印刷机、凹版印刷机、丝网印刷机和特种印刷机五种类型；按照承印物的尺寸，印刷机械还可分为全开印刷机、对开印刷机、四开印刷机等；按一次印色的能力又可分为单色印刷机、双色印刷机，四色印刷机、五色印刷机、六色印刷机、九色印刷机等；按送纸的形态也可分为平版纸印刷机和卷筒纸印刷机；按压印方式还可分为平压平式、圆压平式、圆压圆式 (轮转式) 三种。

印刷机械是各种印刷品生产的核心部分，基本上都是由给纸、送墨、压印、收纸等部分组成。其主要作用是将油墨均匀地涂到印版的印纹部分，通过压力使印版上的油墨转印到承印物的表面来制成印刷品。

(二) 油墨

油墨是经过特殊加工制成的胶状体印刷颜料，种类较多，按照印刷方式不同可分为凸版油墨、平版油墨、凹版油墨、丝网版油墨、特种油墨五大类；按照承印物的不同又可分为供纸张、玻璃、塑料、金属等不同材料用的油墨。随着科技的进步，新型的油墨正在不断研制和开发。对于包装印刷油墨一般有以下要求：

(1) 可以和同类油墨相互调和，并且不会变质。

(2) 油墨细腻，墨色纯正。

(3) 对于食品、服饰、儿童用品、化妆品和卫生产品等包装的印刷油墨，应当是健康绿色的，不能含铅等其他有毒物质，油墨不能有异味，必要时可加入香料。

(4) 在空气和光照下不易变色和褪色。

(三)印版

印版是使用油墨来进行大量复制印刷的媒介物。现代印刷中的印版大多使用以感光、腐蚀等方法制成的金属板、塑料板或橡胶板。根据印刷画面的效果可以分为线条版和网纹版，线条版用于印刷单线平涂的画面，网纹版主要用于图片及渐变色等连续调画面的印刷。在印刷过程中，单色画面只需制一块色版，多色画面则需制多块色版，并分多次印刷才能完成。

1. 网纹版与分色印刷

（1）网纹版与连续调。像图片和渐变色变化的连续调设计稿，必须用网纹版印刷。制作网纹版是通过网纹照相的方法将图像分解成有轻重变化的网纹。

（2）照相分色制版。在印刷中，一块印版只能印一种颜色，彩色印刷需要采用照相分色技术。照相分色是按照色彩学中三原色原理，将拍摄的彩色原稿经过滤色镜分摄成蓝、洋红、黄三种印版的分色底片，由这三种颜色重叠就会产生视觉上柔和而色彩自然的图像。为了加强暗部的深度层次，还需加一张黑色的分色片，这样就构成了彩色印刷的四原色。这种技术被称为照相分色。

（3）电子分色。电子分色是以分色原理为基础，运用电子扫描技术设计成的先进的分色方法。具体操作是将照片、原稿或反转片紧贴在电子分色机的滚筒上，当机器转动时，将分色机的曝光点直接在原稿上逐点扫描，所得到的图像信息被输入电脑，经过精密计算后，再扫描到感光软片上，形成网点分色片。电子分色比传统分色法快捷准确，而且在电脑上可以作多方面的调整和修改，是目前最高水准的分色方式。

2. 线条版与套色线条版

线条版与套色线条版也被称作"实纹版"，在印纹部分是满实的，非印纹部分则是空白，所以线条版一般不能用来表现连续调的丰富变化。线条版的套色主要是通过重叠方法，即一块颜色或线条重叠在另一块颜色或线条之上，而且印色相叠会产生新的颜色。例如，黄色与蓝色叠印可产生绿色，蓝色与红色叠印可产生深紫色等。但是由于油墨与绘画颜料的特性不同，不能用绘画配色的效果来推断油墨叠色的效果，因此就要求设计者能够充分掌握叠色的特点，熟练应用叠色技术，创造丰富的色彩效果。由于印刷技术条件的限制，线条版套色叠印时很难做到十分准确，因此应尽量避免相同的图形和文字的叠印，以免套印不准，影响印刷质量。但在较大面积的底色块上，局部叠印文字或图形的效果则较好。

(四) 承印物

承印物是用于包装印刷的材料。现代种类繁多的包装材料，大多数都需要进行印刷加工。而在所有包装使用的材料中，纸张是最常见也是主要的承印物，此外，还有金属、塑料、玻璃、陶瓷、纺织品等，它们对于印刷方式和油墨等都有各种不同的具体要求，印刷效果也不尽相同。根据不同承印物的特点，设计人员应该有一定的基本常识，这样才能使承印物与印刷环节很好地结合，才能充分发挥承印物的优点，生产出设计精美的包装。

## 三、纸张的选择与开法

在商品包装设计过程中，要使商品包装设计能够色彩绚丽、引人注目，除了选择不同的印刷方法外，对于最常见的承印物纸张的选择也十分重要。设计师只有在充分了解各种纸张的规格和性能的基础上，才能根据所包装商品的特点，发挥纸材的最佳表现力，寻求最佳设计方案。

(一) 纸张的种类

(1) 薄纸类。通常有双胶纸、单胶纸、复印纸、新闻纸等。这类纸张多用于书籍、课本、练习本、报纸、杂志、票据等的印刷。

(2) 铜版有单面铜版纸、双面铜版纸、压纹铜版纸等，常用于画册、广告、海报、宣传册、年历等设计中。

(3) 特种纸。这类纸张品种、规格、样式较多，设计者可根据产品特点来选择纸张，特种纸常用于高档画册、高档包装设计中。

(4) 卡纸。主要有玻璃卡、白卡、灰卡等。这类纸张常用于包装、吊牌和 POP 包装设计中。

(二) 纸张的开法

纸张的开法是为了配合印刷和折叠、模切等工艺流程，满足印刷制作的需要。

常用的全开纸张规格有两种：大度规格纸张和正度规格纸张。

大度纸规格为889毫米×1194毫米，正度纸规格为787毫米×1092毫米，但是目前国内基本上还是采用787毫米×1092毫米的老规格（正度纸张）。

通常所说的开度是指全张纸的分割，对折切成两张为对开。再对折切成两张为4开，依次为8开、16开、32开等，还有其他不同的开度，如3开、6开、12开、20开等和一些特殊开法。由于要除去印刷机咬口，所以实际的可印刷幅面是780毫米×1080毫米左右，设计师在设计前最好能考虑适合的尺寸，充分利用纸张，避免造成资料和材料的浪费。

## 四、印前检查

印刷稿绘制完成后，要进行认真的检查，以确保万无一失。在检查时应侧重以下几方面内容：

（1）文件是否为CMYK四色模式。

（2）细小的文字应尽量使用单色，黑色文字一定要用单色，即C：0，M：0，Y：0，K：100。多色会给套版造成困难，易造成套印不准或错版的现象。

（3）印刷稿是否留出3~5毫米的出血位。

（4）设计图片格式是否为TIFF格式，并以1：1的图像比例制作。

（5）印刷稿中所有文字是否已转化为曲线。由于每台计算机所储存的字库都有差别，当设计人员所使用的字库与输出公司电脑字库不同时，输出公司的电脑会自动替换设计人员所使用的字体，所以，设计师在输出前切记把文字转化为曲线。

# 第四节　包装设计印刷

精美的包装与包装印刷是绝对分不开的，好的包装设计是提高商品的附加值、增强商品的竞争力、开拓市场的重要手段和途径，而这就要通过包装印刷工艺来实现。

## 一、包装设计与印刷原理

### (一)分色

不论绘画还是照片，画面上的颜色与色调几乎是无限的，若要把无限的颜色用有限的三原色油墨印刷出来，就必须对原稿进行分色。分色就是把原稿颜色分解为色料三原色表示的颜色，并制成各单色印版，在印刷中被称为"分色"过程。在印刷时将分解出的印版上的颜色以不同的方式混合（如叠印、并列等）在一起，即通过用印版将原色油墨混合在纸张或其他承印物上，以此来再现、还原原稿的颜色。进行印刷分色时，一般将原稿分解为 C（青）、M（品红）、Y（黄）、K（黑）四个色版。也有的高精细印刷将原稿分解为 6 个色版。分色的方法包括照相分色和电子分色。

照相分色是根据减色法原理，利用红、绿、蓝三种滤色片对不同波长的色光所具有的选择性吸收特性，将原稿分解为品红、黄和青三原色。在分色过程中，被滤色片吸收的色光正是滤色片本身的补色光。例如，使用红色滤片时，红色的地方吸收光源的红、绿、蓝成分的绿色和蓝色，将红光反射或透射出来，经过红滤色片时，光线能通过，在感光片上曝光，形成不透明的黑色；而绿色的地方吸收光源的红、绿、蓝成分的红色和蓝色，将绿光反射或透射出来，经过红滤色片时，没有光线能通过，在感光片上不曝光，形成透明的区域。同样的原理，黑白色经过红色滤片的情况是这样，白色的地方对光源的红、绿、蓝成分均能反射或透射，经过红滤色片时，蓝光、绿光则被滤色片吸收，红光能完全通过，在感光片上形成黑色；而黑色的地方对光源的红、绿、蓝成分全部吸收，无光反射或透射出来，经过红滤色片时，没有光线能通过，在感光片上不曝光，形成透明的区域。经过绿色滤色片和蓝色滤色片时，各颜色区域由于对光源的反射或透射情况不一样，滤色片对反射光或透射光的吸收情况不一样，这样，在感光胶片上形成有密度差别的黑白负片，就将原稿颜色给分解了。

电子分色是现在常用的方式，电子分色对色彩的分辨与还原是非常准确的，能够较重视地复制彩色原稿。其基本原理是，首先对制版稿上的彩色图片或彩色照相通过电脑控制进行网点扫描，将原稿每一点的颜色经红色、绿色、蓝色滤色片进行分解，得到数字化的每一像素的 RGB 值的大小，再经数学计算方法把 RGB 颜色转换为 CMYK 颜色，最后输出 C、M、Y、K 四个单色版菲林或印版。电子分色形成的印刷网点的精度每英寸可达到 150 线以上解像力和清晰度都比照相分色要高。

(二) 拼版和修版

1. 拼版

拼版是根据原稿、版样和生产通知单的要求，将照相或电子分色以及拷贝的阴、阳图软片进行裁切和连接的工艺。拼版有自拼、连拼、杂拼三种形式。自拼是将同一副版子分开照相或照排的图文负片按设计要求拼贴在一起。连拼是当尺寸小于 16 开且印刷批量较大，或是要求墨色印刷一样的同一套产品，可按承印材料的开张尺寸和印机的适应尺寸连拼大版。遇图样复杂、连拼数量多和需套色的产品，应在连拼的大版上放置套准十字线以便印刷时检验套色是否准确。杂拼是为了节约版材和节省后面各工序的时间，将一些零杂版子的软片拼凑成适合版材大小和腐蚀机工作尺寸的整块大版，要注意留开版子分铡的直线切口。

为了让印刷成品能够呈现精美的效果，在拼板之前要考虑到设置切口，切口是在印刷品印刷后切下来的那部分，一般切口需要留 3 毫米，如果画稿的色块是通版而不留白边的，则绘制印刷稿时要放出 2~3 毫米的出血，这样在印刷后切割每个包装纸盒才不会出现白边。同时，在拼板片要绘制出净尺寸线、毛尺寸线，最后在稿件的每个纸盒上下左右之间画出套准十字线，以便拼板的制作。

2. 修版

修版是根据原稿及设计要求，对照相或电子分色阴、阳图软片和翻拷的阴、阳图软片进行修整的工艺，一般有加厚、减薄、填、刮等形式。修版工艺技术要求高，手工操作量多，生产周期长，可变因素大，是胶印制版中既重要又很薄弱的环节，一般由技术熟练的老师傅担任修版工作。电子分色工艺的出现减轻了修版工艺的压力，但是遇有图文杂拼的大版印件时，修版的工作量仍然很大，像修一幅4开以上印张的图文版（包括翻拷阴、阳图）常需1周左右时间才能完成。图画的颠倒、反向以及版面位置的差错等现象常常发生在此环节。因此，设计人员在可能的情况下，应与修版师傅取得联系，说明情况，提出要求。

制版和印刷设备的不断更新使制版工艺越来越简单，而对设计人员的要求则越来越高，设计者不但要绘制出高质量的原稿，参与计算机图像辅助设计（CAD）工作，甚至需直接参与制版的电脑程序编制等工作，这样才能适应印刷技术发展的需要。

（三）打样

打样是按顺序逐色叠印，复合还原成全色印样，目的是对制版质量和印刷效果的检查，也为正式印制提供标准。

打样的作用非常重要，将各单色、叠色和全色样与设计原稿比较，可检验出单色样的密度，层次（阶调）和全色样的色调、层次、清晰度以及版式规格等是否与设计原稿和分色片相符，印样上是否有图文的疏漏、残缺、颠倒、不整齐和套印不准等质量问题。打样稿在印刷厂自检后，需经委印单位的代表（一般是设计人员）审批签样后才能付印，到此制版任务才算完成。如打样不符合质量要求、委印单位审批不合格，则需对不合格部分进行修版，甚至重新分色、重新打样，直到审批合格为止。审批后的单色、叠色和全色样和印刷控制数据即成为正式印刷的依据和标准。

传统的打样是机械打样，打样机是机械打样常用的设备，和印刷机一样有印版、橡皮滚筒、供墨装置、供水装置，只是压印方式与印刷机不同，一般采用圆压平的方式，印刷速度也慢些。机械打样一般打出的样张有C、M、Y、K的单色样和按打样顺序的两色样、三色样、四色样。这样对整个印刷过程都可以检查，对出现问题也好逐步进行分析。由于打样是印前的重要环节，打样的条件应该完全和正式印刷的条件相同，在用纸、油墨、版材、色序、操作参数等方面都应做到统一。

机械打样可以灵活地选择印刷时所用的纸张和油墨进行模拟，并按印刷的色序进行打样。除了用作检查的印样外，还能作为印刷时确定各项操作参数的参考依据。但是机械打样需要经过输出菲林、晒版等工序，打样周期长，对操作人员的经验和素质要求较高，在作业量大时，还需倒班换人，这不仅会带来打样样张质量的不稳定，而且也增加了生产成本。

如今随着技术的发展，数码打样渐渐取代了机械打样。数码打样是把彩色桌面系统制作的页面数据，不经过任何形式的模拟手段，直接经彩色打印机输出样张。数码打样取代了模拟打样中的胶片机晒版等繁复的工艺流程，缩短了产品周期，生产效率迅速提高。色彩模拟能力较好，使用常见的彩色打印机如喷墨式、热升华式，可以表达比印刷油墨更丰富的色域，且成本更低。丰富的色域再加上良好的色彩管理软件，使数码打样不仅可以模拟印刷品的效果，同时也可以模拟其他效果，如丝网印刷、数码印刷、喷墨海报等，符合市场上日趋多元化的输出需求，如一套广告设计可能需要通过不同的媒介来输出。由于数码打样系统是由数码页面文件直接送至打印系统，在输出样张之前，全部由数码信号控制和传输，因此无论何时输出，由什么人操作，同一电子文件输出的效果是完全一致的，都有十分理想的稳定性。

数码打样替代传统打样已成为不可逆转的发展趋势，但是数码打样也有一定程度的缺陷。数码打样由页面数据直接输出样张，色料一般不用印刷油墨，而是用能溶解的染料，并且通常情况下不能在真正的印刷用纸上输出，而是用专门的纸张。数码打样出来的颜色大多比油墨色艳丽，但颜色仍和印刷色有差距，因此，不能通过数码打样的结果判断最终印刷的结果是什么样的。

## 二、印刷工艺流程

### (一) 印刷稿

印刷稿是对印刷元素如图片、插图、文字、图表等的综合设计。现在很多包装设计都使用电脑辅助设计来完成印刷稿的制作。

### (二) 照相与分色

包装设计中的图像来源，如插图、照片等，要经过照相或扫描分色，经过电脑调整才能够印刷。目前，电子分色技术产生的效果精美准确，已被广泛地应用。

（三）制版

制版的方式有凸版、平版、凹版、丝网版等，但基本上都是采用晒版和腐蚀的原理进行制版。现代平版印刷是通过分色成软片，然后晒到PS版（预先涂有感光层，可随时做晒版作业的平印版的简称）上进行拼版印刷。

（四）拼版

拼版是将各种不同制版来源的软片分别按要求的大小拼到印刷版上，然后再晒成印版（PS版）进行印刷。

（五）打样

打样是晒版后的印版在打样机上进行少量的试印，以此作为依据和参照来与设计原稿进行比对、校对及对印刷工艺进行调整。

（六）印刷

根据规定的纸张开度，使用相应印刷设备进行批量化生产。

（七）加工成型

加工成型是对印刷成品进行的后期工艺加工，具体包括压凸、烫金银、上光过塑、打孔、模切、折叠、黏合、成型等。

# 第五节　包装设计后期加工

在已完成图文印刷的包装表面进行的再加工称为印刷品的表面加工，其目的首先是保护印刷品，经过上光、覆膜等工艺，能提高印刷品表面的耐光、耐热、耐折、耐磨性能，延长印刷品的使用期限，增强印刷品的视觉效果，使印刷品更具光泽，色彩更鲜艳。并且，通过压凹凸压痕、烫金、烫银等工艺，可以提高印刷品的档次，增加产品的附加值。

常见的印刷品表面加工工艺有上光、覆膜、压凹凸、烫金、烫电化铝膜、模切等工艺。

## 一、烫金工艺

烫金工艺的表现方式是将所需烫金或烫银的图案制成凸型版加热，然后在印刷物上放置所需颜色的铝箔纸，加压后，使铝箔附着于印刷物上。

印刷品的表面金银烫印加工工艺可以大大增加包装产品的附加值，已被广泛地应用于印刷品中：烫金可分为圆压圆与平压平烫金。圆压圆烫金方式既适合大面积烫金，又适合小面积烫金，原因在于圆压圆烫金是一种线接触的烫印方式，烫印的速度快。平压平烫金属于面接触，不易将空气排出，容易出现烫印不实的问题。所以，平压平烫金方式只适合烫印小面积图案、线条或文字，烫印速度慢。

另外，还有一种扫金工艺，就是在印刷品的指定部位附着特种金属粉末，借此实现金光闪耀的仿金效果。

烫金纸材料分为很多种，有金色、银色、激光金、激光银、黑色、红色、绿色等多种纸材料。

## 二、上光

上光是指在印刷品表面涂（或喷、印）上一层无色透明的涂料（上光油），经流平、干燥、压光后，在印刷品表面形成一层薄且均匀的透明光亮层的工艺。上光包括全面上光、局部上光、光泽型上光、亚光（消光）上光和特殊涂料上光等。

压光是指上光工艺中在涂上光油和热压两个机组上进行的工艺。先将印刷品在普通上光机上涂上光油，待干燥后再通过压光机的不锈钢带热压，经冷却，使印刷品表面形成镜面反射效果。

另外，上光的材料根据包装内容物的要求也有多种选择，如水性上光油以高光合成树脂和高分子乳剂为主要材料，以水为溶剂：水性上光油属于环保材料，对生产工艺要求不高，成本低廉，尤其适合食品、医药、烟草等对卫生安全要求高的印后加工。使用水性上光，可以整体上光，也可局部上光，其后也适于模切、烫印等后续加工工艺，是较为提倡的加工方法。

## 三、过"UV"

UV上光属于局部上光工艺，它不但能增强图文立体感和肌理效果，印刷时还可以调节厚薄，产生不同的立体感。UV上光须制作专门的印版。

UV上光油是一种添加固化剂的树脂UV上光油，采用紫外光固化方式干燥，它无色，透明，不变色，光泽高，固化速度快，附着力强，并具有耐磨性、耐化学性、抗紫外线等优点。UV上光油品种多样，可以产生不同的肌理效果。

例如，UV防金属蚀刻印刷又名磨砂或砂面印刷，是在具有金属镜面光泽的承印物（如金卡纸、银卡纸）上印上一层凹凸不平的半透明油墨以后，经过紫外光（UV）固化，产生类似光亮的金属表面经过蚀刻或磨砂的效果。另外，UV防金属蚀刻油墨还可以产生绒面及亚光效果，可使印刷品显得柔和而庄重、高雅而华贵。

## 四、压凹凸

随着印刷事业的发展，人们对包装装潢有更高的要求，在色彩上要求鲜艳；在层次上，不仅要能反映平面的明暗层次，而且要有立体的层次感，凹凸印刷能使产品增加立体感的层次。

模切压凹凸是印后加工中的一道特殊工序，是指根据设计的要求，把彩色印刷品的边缘制作成各种形状，或在印刷品上增加特殊的艺术效果，以实现某种使用功能。以钢刀排成模（或用钢板雕刻成模），在模切机上将承印物冲切成一定形状的工艺称为模切工艺；利用钢线或模版通过压印，在承印物上压出凹凸或留下利于弯折的槽痕的工艺称为压痕或压凹凸工艺。该工艺是利用凸版印刷机较大的压力，把已经印刷好的半成品上的局部图案或文字轧压成凹凸明显的、具有立体感的图文。

凹凸压印工艺多用于印刷品和纸容器的后加工上，除了用于包装纸盒外，还应用于瓶签、商标以及书刊装帧、日历、贺卡等产品的印刷中。

## 五、成型

印刷完成后就可以进行成型制作了。

一些纸质包装盒大多利用一纸成型技术，是一个没有分割的整体，而通过折痕组装完成成型工艺，可人工操作。如果设计的是异形包装等，还需要通过铸模切割，也就是用锐利的钢尺来切出客户想要的形状，它可以在一个平版印刷机或转轮印刷机上完成。

如果是塑料包装，还需要利用吹膜机等成型机器设备完成包装；另外，一些软材料包装成型需要注塑过程，即将软材料（通常是受热变软）注入模子里，当它冷却成模子的形状时又被取出。热塑性塑料都是注塑的，如钢笔帽、洗发水瓶的盖子和管道装置。对这种材料来说，模子的温度比熔化物温度要低，以此实现定型。因为，设备的花费较高，使用注塑工艺的一般是相对较小的包装。

## 六、裱合、粘接

这是包装的最后一个工序。一些纸质结构的包装可以通过盒结构图上的绘制线进行粘接和裱糊，如硬纸板的礼品包装需要将印刷好的信息内容贴于包装盒上。因为无法直接印刷厚纸盒，所以裱合完成最后工序。对于一纸成型的包装，只需要黏合预留相交部分完成成型步骤。

一些产品容器的黏合，多用高频粘接，在需要链接的地方施加高频能量，把材料熔到一块儿。高频粘接中用得最多的是聚氮乙烯或乙烯基。高频粘接有两种：平纹粘接——将两个或更多的材料接到一起，有雕刻的粘接工具会产生装饰性外形；撕裂粘接——对材料同时进行的粘接和切割双重处理。

另外，还有超声波粘接，可以将其看作胶粘的一种替代方法，尤其是对于塑料产品中的聚丙烯。黏性胶带或胶水易与它们所粘的材料产生反应，这样它们会干掉或退出折叠的材料。

热空气粘接作为一种处理，它与超声波粘接有相似点：将材料需要粘接的部分用热空气软化，两个表面的温度必须相同。放在纯色材料上看，产生的粘接像一条双面胶带，但是它的持久性更好。

# 第七章　中国传统工艺元素在包装设计中的运用

　　现代商品包装设计中中国传统工艺元素的应用，能够在不同层面上展现传统艺术的魅力，为现代商品包装设计注入新的生机和活力。因此，中国传统工艺元素在现代商品包装中的应用，无论是对传统文化的传承，还是对现代包装设计的革新，都具有重要的现实意义。本章即对中国传统工艺元素在包装设计中的运用展开综合论述。

# 第一节　包装设计与传统文化的融合

21世纪以来，中国现代包装设计依托浓厚的传统文化底蕴，在探索和创新中走出了一条具有中国特色的道路，并逐步走向成熟。在国际、国内重要的包装设计比赛中获得大奖的优秀包装设计作品，大都在设计中融合了传统元素。可见，包装设计与传统文化的融合十分重要，融入传统文化元素往往更具市场竞争力。

## 一、设计与文化

从符号学的角度，文化和设计的关系在于，文化作为人类符号的表意行为，要求创造和运用特定的符号去表达意义。而设计正是人类创造和运用符号去实现生活理想的具体造型行为，这种行为表现为处处要把人的内心世界图式外化为具体可感的形式。所以设计是文化的具体存在状态之一。

艺术设计师直接设计的是产品，间接设计的是人与社会。人、人的外貌、生活方式的设计，是艺术设计师的真正目的。艺术设计受到文化的制约，同时它又在设计某种文化类型。艺术设计师通过设计新器物以改变文化价值，在设计过程中文化得以物化，并以新的形式得到延续和发展，传统文化与现代设计之间的关系可以说是"源"与"流"的关系、"根"与"叶"的关系。传统文化对产品设计的影响主要有以下表现：影响设计的形式体系，影响设计师和受众的文化心理和价值观念，影响设计的评价标准。

民族是人们在历史上形成的一个有共同语言、共同地域、共同经济生活以及表现于共同文化上的共同心理素质的稳定的共同体。民族传统文化是指人们在历史中创造的，代表一定民族特点的精神风貌、心理状态、思维方式和价值取向等精神成果的总和，在社会实践中产生并对社会实践产生巨大的影响，体现在世代相传的精神、制度、风俗、艺术等方面。文化对人们相似性心理结构的影响可以简要地理解为"人同此心，心同此理"，人与人具有内在心理共通性。

设计作为联系商品和文化的桥梁，艺术设计直接设计的是产品，间接设计的是人与社会，设计既受到文化的制约，又设计着某种新的文化类型。传统器物文化与现代产品设计的根本差别是物质技术条件的差异性，二者的相似性是人的内在相似性心理结构，表现为共通的审美观和文化价值观，同时中国传统器物文化中的自然意识和适用思想也有很大的现实意义。

## 二、包装设计的文化性

英国的爱德华·泰勒曾说过："文化是复杂体，包括人们制造的实物、知识、信仰、艺术、道德、法律、风俗，以及从社会上学到的能力与习惯。"简单地说，文化就是对于自然的创造。从广义上讲，文化既包括物质层面的东西，也包括精神层面的东西。就狭义而言，文化主要指精神层面的东西，如哲学、宗教、艺术、道德以及部分物化的精神，如利益、制度、行为方式等。

现代包装设计具有对应市场的文化特点，是当地人们的价值观念、道德规范、生活习惯、美学观念等的体现。现代包装设计随着产品本身的发展和社会选择的多样化，突破了传统包装主要用于容纳和保护产品的基本功能。在强调以文化为导向，注重产品外在形态的艺术审美和形象带来的消费者利益感知的同时，凸显产品的标志化和个性化。

一般来说，酒类产品比起其他商品更具文化特征（地域风情、产品历史、酿造工艺等），而这些文化特征正是通过容器造型这一媒介传递给消费者的，使消费者通过容器的外观、色彩、图形等来了解酒的文化背景和独特的含义，所以，容器的艺术性对酒类产品而言至关重要，它已成为酒类包装不可分割的一部分。容器造型在展示其艺术魅力的同时，把不同的文化背景包含在设计中，消费者不单是消费物质，同时更能领会到更深层次的东西。

有很多商品本身是很有文化底蕴的，但是由于设计者缺乏对该产品历史及人文内涵的了解，设计出的包装往往不能彰显产品的品位。一旦一种产品的包装设计能够将其本身具有的文化内涵复原，往往就会使消费者折服，从而备受消费者关注和青睐。包装设计在当前解决的不仅仅是简单的产品包装、保护产品的任务，将设计师的作用仅仅理解为是利用艺术设计手段将产品包装起来并予以美化，从而协助企业获取更大商业利润的观念是片面的和狭隘的。包装设计需要解决的一个重要问题就是如何通过设计创新来促进包装的"可持续性"并与社会文化、自然环境状态的健康存在达成协调和统一。就包装而言，发展的眼光、循环的意识和再生产的观念以及人与环境和谐相处、友好共生的问题，都成为包装设计师所面临的新问题，也是他们的使命。值得高兴的是中国深厚的历史文化积淀，为设计师寻找理论来源和探索解决之道，提供了丰厚的物质和文化基础。在中国传统文化中蕴含着博大的哲学思想，反映着祖先朴素的和谐观。传统文化观念中的平衡发展、和谐共处的观念对于我们当今倡导的和谐社会的发展目标有积极的现实意义。

## 三、包装设计与传统文化的完美契合

### (一)包装设计与传统文化概述

传统文化是文化范畴内的一种分类，它仍然属于文化的范畴。所谓传统文化，就是指一个区域或一个民族在长期历史发展过程中形成的能够代表本区域、本民族主要思想、信仰的艺术形式、道德标准和审美意识等多种元素的复合体，是文化的重要组成部分。中国传统文化是中华民族在中国古代社会形成和发展起来的比较稳定的文化形态，是中华民族智慧的结晶，是中华民族的历史遗产在现实生活中的体现。

我国现代包装设计要充分体现作品的文化内涵，最有效的也是最直接的手段就是从我们国家博大精深的传统文化中发掘出有益的养分，也就是说，我们应该换用传统的视角重新审视现代包装设计，在包装设计中充分体现传统文化。

一个成熟的包装设计作品必须有丰富的文化底蕴和内涵，这些文化属性因产品的质地、性状、风格不同而有所侧重，传统文化在包装设计中能否留下印记，或者说包装设计与传统文化能否找到契合点，重要的是你对于来自自己民族的传统文化是如何理解的，是以何种态度对待的。

### (二)包装设计与传统文化的契合点——本土论

设计与人类的文化及心理之间具有不可分割的紧密联系，在一定范围、某种程度上甚至相互涵盖。我们认为，将本土论这一心理学概念引入包装设计活动，作为指导设计活动、满足消费群体心理需求的指导原则，不仅理论依据是充分的，意义也是深远的。

基于人类与环境的互动理论、本土论理论及包装设计理论，本土论原则在我国民族化包装设计中可界定为：中国民族化包装设计工作者的设计活动（设计师的设计实践及设计理论研究者的研究活动）及成果（民族化包装及理论研究成果），必须与中国本土商品目标消费群体的地域文化、民族文化、审美心理、行为及其历史脉络等高度契合（包括配合、符合及调和）。这是一个循环互动的过程，即我国民族化包装设计工作者，通过本土论原则的监督与指导，切实了解或研究商品目标消费群体的日常心理及行为，再通过自身心理及行为所体现出的设计与研究活动及成果，与商品目标消费群体的日常心理及行为相契合，并在某种程度上对消费群体的心理及行为予以引导或影响。此处还需强调，基于消费群体所受熏陶及影响的社会背景文化与其心理及行为的关系，民族化包装设计要通过与中国传统文化及各地域民族文化的契合，来实现其与消费群体审美心理的契合。

## 四、包装设计与传统文化融合的意义

### (一) 有利于包装设计的合情合理化

从民族化包装设计表现出的创新特质看，设计如要做到合情、合理，必须建立在对传统文化内涵深刻理解的基础上。设计工作者只有识古述古，融会贯通，才会深知如何为之，才能真正有所作为。当前有一部分从事民族化包装设计的设计师，盲目且无章法的创新，导致民族化包装作品形不达意，这其实与设计的本质是相悖的。任何形式的创新，在一定意义上遵循的都是"述而后作"，尤其在民族化包装设计中，设计师们缺乏的并不是创新的能力，而恰恰是对传统文化的探究。对于传统文化，设计工作者只能去关照、理解、研究，去发掘信息，汲取营养，继往开来，来不得半点儿历史虚无主义和狂妄自大。

### (二) 满足消费者心理需求

作为商品包装，其终极目标是促成及促进商品销售。但在促成或促进商品销售的过程中，若除去诸如商品广告、品牌知名度、大众口碑等因素，商品只有通过包装与消费者进行沟通，而建立这种沟通的前提，是使包装与消费者的消费心理或审美心理等达成某种契合，甚至是心照不宣的默契。达成此种默契的前提，首先是使消费者识别出具有中国传统特色及各地民俗情趣的商品包装；其次是使包装的形式特征与消费群体的心理诉求相契合。

目前，我国的包装设计从整体看，设计理念、表现手法及材料的运用都有了长足的进步并日臻成熟，包装的视觉效果已有了质的飞升，但这并不意味着没有缺憾。当前，相当一部分设计师存有不同程度的求知及探索惰性，致使其在设计工作中不能很好解读消费者的心理诉求，自然就找不到契合消费者心理的创意或表现形式，加之市场经济的不断繁荣、信息技术的飞速发展及现代设计手段诸如电脑、扫描仪、数码相机等的广泛应用，印刷与制作工艺的普遍提高等因素，促使包装设计节奏及形式更新越来越快，也导致包装设计程式化，包装的形式特征趋同，能够展示商品包装自身特点或地域民族特色的属性减低或缺失。长此以往，将对商品品牌附加价值的提升十分不利，并在某种程度上阻断了商品包装与消费者心灵上的沟通。这对于商品包装不能不说是极大的遗憾。

基于这一客观原因，也要求在民族化包装设计中，建立或引入本土论原则，并切实履行。使其监督、指导设计工作者在从事设计与研究活动时，能够针对消费者的购物习惯及审美诉求进行研究与评估，使设计出的传统文化韵味丰富的包装作品在契合商品品质的同时亦不失人文关怀。

# 第二节 传统工艺材料"汉麻纸"在普洱茶包装设计中的运用

包装是人类社会发展的必然产物，我国的包装伴随着中华民族悠久的历史而产生、发展，经历了由原始到文明，由简易到繁荣的进程。至于包装到底是如何起源的，众说纷纭，但至少有一点可以肯定，那就是人类第一次用来做包装的材料，应该是就地取材，是天然的，即利用竹、木、草、麻、柳、藤、荆条、瓜果、兽皮等纯天然材料来包装物品。对于自然再造材料来说，从传统到现代，变化最大的就是纸包装。本节即对传统工艺材料"汉麻纸"在普洱茶包装设计中的运用进行分析。

## 一、基本概念界定

### (一) 普洱茶

茶，是我们中华民族的举国之饮。其中，普洱茶是我国众多茶叶品种的一种，它产于云南。云南是我国主要的产茶地区，它也是众多茶树的发源地，世界上许多品种茶叶的根源都在云南的普洱茶产区。普洱茶属于黑茶，因它的产地是云南省普洱市，所以因地名而命名为普洱茶。

### (二) 汉麻纸

我国最早出现的纸应该要数汉代的麻纸了，它属于一种植物纤维纸。汉麻纸起源于陕西省周至县，有个世代以手工造纸为业的村庄，名叫起良。据《周至县志》记载，早在明朝之前，起良村就以造纸闻名全国，每户人家都供奉着蔡伦的画像。起良村90%的家庭都有造纸作坊，村人大多数时间都是忙于造纸，柴米油盐等生活用品都用造出的麻纸跟商贩交换。万历年间，因本籍官员上奏，朝廷赦免了对该村的田赋粮税，鼓励当地专营纸业，起良村即由"弃粮村"谐音演变而来。

为什么称其为"汉麻纸"？顾名思义，"汉"指的是汉代出现的纸，而"麻"指的是先人对以麻纤维为原料造纸的统称。所以称其为汉麻纸。最初的麻纸颜色为褐黄色，这是麻类纤维本来的颜色。到了现代，人们利用漂白工艺，把原本的黄色漂白，才变成了白麻纸。

根据史书记载，我国从汉代起一直到唐代的千余年间，最常用的纸种就是麻纸。据古书记载，如东汉·班固《东观汉记》云："黄门蔡伦典作尚方作纸，所谓蔡侯纸也。"又如，南朝·范晔《后汉书》载："自古书契多编以竹简，其用缣帛者谓之为纸。缣贵而简重，并不便于人。伦乃造意，用树肤、麻头及敝布、渔网为纸。元兴元年奏上之，帝善其能，自是莫不从用焉，故天下简称蔡侯纸。"

陕西周至县的起良村至今还流传着传统制作汉麻纸的古老工艺。时至今日，在起良，宅院门前仍保留着一些过去造纸作坊使用的纸涵石，石头上日积月累留下的造纸印迹清晰可见，记录着中国传统的造纸文化。

## 二、普洱茶的储存条件

普洱茶的陈放时间越久越香，被誉为"可以喝的古董"。其年代越久远，价值就越高，口感就越好。之所以如此，是因为在储存过程中，普洱茶受其本身的特性、储存的环境影响不断地变化，加上陈放的年限，导致品质好的普洱茶的价格每年以 10%–15% 的增长率提升。比如，一饼茶现在可以卖十元，六年后可以卖到一百五十元。

普洱茶越陈越香的原因是由多种因素决定的，如果创造适宜普洱茶陈化条件的存放环境，还可以加快普洱茶的陈化。普洱茶的陈化受温度、湿度、空气三个条件的影响，和茶叶中的微生物一起，完成这种生物化学作用过程。下面即介绍一下普洱茶存放环境的三个条件。

### (一) 恒定的温度

普洱茶最理想的存放环境就是恒温状态下，这里说的恒温指的是人感觉到比较舒适的温度，也就是说，最理想的温度最好保持在20℃ –30℃之间，温度不宜过高也不宜过低，如果温度太高会使茶叶加速发酵变酸，温度太低又会减慢茶叶的变化速度。相对来说，春夏秋三个季节是普洱茶变化的最佳时期。但要切忌的是，普洱茶不可被太阳直射，因为日光中的紫外线会破坏茶叶中的脂肪、氨基酸、叶绿素等物质，导致油耗味道生成，茶质弱化，这样的话，也就没有转化普洱茶的必要了。

### (二) 适度的湿度

存放普洱茶的环境要湿度适度，不可太干，也不可太湿。太过潮湿的环境会导致普洱茶的快速变化，但这种变化可不是我们想要的变化，而是霉变，发生霉变的茶叶是不能饮用的；太过干燥的环境会使普洱茶进入休眠状态，陈变速度会变得非常缓慢。在干燥的环境里，人们通常会在存放茶叶的旁边放置一小杯水或者加湿器，使空气中有一定的湿度。在干爽的环境中存放叫作"干仓"存放，而在潮湿的环境中存放叫作"湿仓"存放。普洱茶，必须在干仓中进行陈化，一些黑心商家也有把普洱茶放置于湿仓存放，加快其转化，以牟取暴利。

(三) 空气流通

普洱茶适合在流通的空气中存放，但是并不意味着普洱茶可以完全暴露在空气之中，也不适合在空气流动量大的地方放置，比方说，如果把普洱茶挂置在阳台上，茶香的味道会被吹散，饮用这样放置的茶叶会感觉淡然无味。但是也不能完全放置于封闭的空间中，必须要有一定量的空气流动，因为流动中的空气比密封环境中的空气有更多的氧气，氧气有利于茶叶中的微生物的繁殖，从而加速茶叶的变化。所以，既不能把普洱茶放置于密封的场所，也绝对不能放置在风口之中，只要有适度的空气流通就可以了。另外，还要注意放置的环境周围有无异味。不仅普洱茶，所有的茶叶都极其容易吸收其他味道，而普洱茶通常又不是密封放置的，所以更容易吸收其他异味。比如，在厨房烹饪时产生的油烟味，家具装修产生的甲醛味，甚至工业生产所释放出来的烟雾等都会被吸附在普洱茶上，严重破坏茶叶的品质。

## 三、普洱茶包装材料的选择

### (一) 市场上常见的普洱茶包装材料

近几年来，随着普洱茶产业的发展，其包装材料的选择与制作也成了一个新的热点，于是各种各样五花八门的普洱茶包装相继问世。为了迎合市场的需要，茶叶包装有的向礼品包装发展，会选用一些价格比较昂贵的材料，比如，精雕细刻的红木盒子、造型独特精美典雅的陶瓷等；还有的茶叶包装向地域文化性发展，比如，用民间手工工艺制作的手工仿皮材料、竹皮、竹条编制的包装等。

对于这些包装材料的选择，褒贬不一。不过，随着人们越来越重视对环境的保护，逐渐提出了"绿色"包装的理念，人们开始选择用天然环保的材料包装茶叶。而在普洱茶包装的选材上，很早以前当地的先民们就会运用纯天然的材料对普洱茶进行包装了。这些选材在体现鲜明地域特色的同时也兼顾了环保。比如，普洱茶七子茶饼的包装，人们多习惯就地取材，内用传统手工棉纸，外面再用当地毛竹竹箦捆绑固定，既简单实用，又不失特色；普洱茶茶砖的包装则用到了竹箦或条纹牛皮纸；普洱茶沱茶则是直接装入新鲜竹筒或放在镂空橘皮内，给普洱茶带来天然竹香或橘味口感；对于普洱茶散茶，多用竹筒、土陶罐或麦藤编筐。这些都体现出当地居民对于大自然的尊敬与非凡的创造力。

由此我们可以看出，在普洱茶的包装方面，先民们聪明的根据茶产品不同特点选择不同材料，以保证茶叶在透气良好的包装中最大限度保持天然绿色口感。这些取材于自然界的绿色材料，无意中与"绿色"包装理念相契合，这正是现代设计中需要不断保持并发扬光大的地方。

(二) 汉麻纸在普洱茶包装中的运用

云南普洱茶的包装如果要树立自己独特的视觉形象，不但要延续其包装材料取之于自然的原则，更要从包装材料上体现出对我国传统工艺和传统文化的继承，做出有中国传统特色的普洱茶包装材料。

众所周知，造纸是我国古代四大发明之一，从它的出现到现在已经有两千多年的历史了。事实上，由纸作为普洱茶叶的包装材料已有先例。比如，棉纸的包装材料，制作棉纸的主要材料是西双版纳地区特有的一种植物，当地人叫"马三"。在使用过程中，需要把其外面的皮全部剥干净，只留中间白白的那一层，晒干后经过2–3小时沸水煮，再用榔头把煮好的树皮捣得很碎，做成纸浆。再经过加工，印上各大品牌的印章、标志后，就成了包装普洱茶的饼纸，这就是传统中的棉纸。市场上用棉纸包装的普洱茶占据了很大的比重，这也是由于普洱茶本身的特性决定的。

因此，根据普洱茶本身的特性，我们认为最适合它的包装材料是手工纸。手工纸的制作原料有很多，可以分为许多品类，除了按原材料区分，还有地域、生产工艺等。根据原料可以把传统的手工纸大致分为麻纸、皮纸、藤纸、竹纸、宣纸等。再根据各种纸的特性，发现最传统最古老的麻纸最适合作为普洱茶的包装材料，其中以陕西省周至县起良村的汉麻纸为最佳。

汉麻纸在审美形式上比棉纸有更好的视觉效果，从色泽上看，棉纸为白色，汉麻纸为褐黄色，比棉纸更显得古朴天然，并且体现出一种厚重质朴的文化气息，与我国的茶文化相互呼应。另外，从它的材质上看，它的透气性和防虫性，对于普洱茶的保存和陈化更有益处，并且纤维丰盛，纸质厚实，韧性地道，绿色环保。

## 四、汉麻纸在普洱茶包装设计中运用的表现形式

### (一)直接包裹茶叶

由于汉麻纸富有韧性，不易撕破，柔软而轻，吸水性大的特性，可以得知它非常适合包装普洱茶。因为柔软的纸质不易破坏茶叶的形状结构，其吸水性大的特点也可以使普洱茶在储存过程中不易发霉变质。据起良村的老人讲，当地人曾用汉麻纸在炎热的三伏天包熟肉，可以保质三天不发霉不变味；秦腔演员常用它卸妆，皮肤不会过敏。并且，在制造汉麻纸的过程中所产生的废水是没有任何污染的，甚至可以用来浇菜。由此可见，起良村制作的传统手工艺汉麻纸完全可以直接接触茶叶，其绿色、健康、自然的特性适合接触可直接饮用的食品，可以作为普洱茶的内包装使用。所以，运用汉麻纸包装普洱茶的其中一种形式就是用最古朴的方式直接拿汉麻纸包裹茶饼或茶砖，这类形式的普洱茶包装可以自己饮用或收藏。除了包装茶砖和茶饼，汉麻纸还可以以独立小包装的形式包装茶末，这种小茶袋的包装形式方便携带；或以茶包的形式包装茶末，饮用时可以直接将茶包投入茶碗内，有冲泡方便，用量标准的优点，这些都适合现代都市快节奏生活的需要，备受年轻人的青睐。

### (二)用作礼品包装

在牛皮纸壳的表面敷上汉麻纸作为装饰，通过手工汉麻纸表面的材质肌理的视觉感，建立和人们之间的亲近感，并把普洱茶及其背后的人文的信息直观地传递给人们。普洱茶包装设计，因要突出茶叶原生态的这一特点，利用汉麻纸表面特有的肌理和朴素的质感，将纸张的肌理触感建立在自然的视觉感受之中，通过视觉和触觉把商品信息传达给人们，使人们对商品产生认知和建立购买需求。如果说包装形态的设计刺激了人们的视觉，那么包装材料的选择和设计更是触及了人们的视觉和触觉，给人以更丰富的感知体

验。用汉麻纸材料做的普洱茶包装设计，其视觉效果中朴素、柔和、雅致、朦胧的特性，为普洱茶包装带来了古老神秘的东方魅力。而触觉效果中的柔软、韧性的触感，又拉近了人们与它的亲近感。

总之，将汉麻纸材质的艺术美感运用到普洱茶包装设计中，不仅能够增强包装的艺术效果，而且也是体现其品质的重要标志。这种古老的纯手工艺材料在人们的眼中不仅仅起到了审美作用，更是充满感情、充满智慧，凝聚人与自然和谐相处的产物。

## 五、汉麻纸的审美形态在普洱茶包装设计中的体现

### (一) 汉麻纸的肌理具有艺术价值

从汉麻纸的肌理上看，其具有一定的艺术价值，肌理同色彩、线条一样是视觉艺术的一种重要语言，具有塑造形态和表达情感的功能。手工汉麻纸的肌理是由枸树皮纤维的随机分布而成各种各样的形态，是介于人造和天然形成的一种半自然肌理。由于其纸浆制造过程都是纯手工完成的，所以纤维较粗，成纸显现出来的纤维形态用肉眼就能看到，稀疏的纤维在纸上可以清晰辨别，形成了形态各异、纵横交错的表面肌理。在纤维之中，还布满了大小不一、疏密不同的棕黑色麻点，这主要是由于原料的选用和工艺的手法造成的。汉麻纸原料选用的枸树皮其表面有一层棕黑色的薄皮，用其制浆的过程中必须去黑皮，仅去黑皮这一项就需要人们数次去脚踏、抖皮、捡皮才能基本完成。但这样做，只能将大面积的黑皮去掉，一些手工无法精密去除的黑皮杂质还残留在枸树皮的纤维里，由此形成的纸土麻点的肌理分布秩序、节奏、韵律也非常生动自然。

近年来的食品包装设计中，为了体现产品绿色、天然、健康的特点，许多设计师开始重视利用自然的肌理元素去装饰包装设计中的底纹图案以加强食品包装的个性表达，但人工添加在纸上的肌理是无法与自然形成的肌理匹敌的。由于每一张汉麻纸都是纯手工抄制而成，使得每张的肌理形态也不尽相同，上面的纹路都是自然的、松弛的、自由的和个性化的，为每一张汉麻纸赋予了生命，让它们具有不同的表情和性格，感性而有趣味。另外，汉麻纸的边缘部分比较粗糙，有一些毛绒状的纤维存在，又给人以生动、随

意、自然的感受。设计师可以利用汉麻纸肌理的艺术特点，把它附加在普洱茶包装上，使人们感受到天然、绿色、健康的普洱茶包装带来的自然形态之美，同时，还传递了纸张背后蕴藏的深层意境，带给人们丰富的视觉联想，让人们体会到传统手工艺带来的无穷奥妙。

(二)汉麻纸的色泽古朴自然

从汉麻纸的色泽上看，其所呈现出来的是自然界中最古朴最天然的颜色，因为在其制作过程中不加任何漂白粉等化学成分，最终呈现出来的是造纸原料枸树皮原有的颜色——褐黄色。受生态学观念的影响，茶叶的包装设计要想体现出绿色、健康、天然的特点，其色彩装饰的选择需要亲近自然，重视环境，愉悦人的精神。将最贴近于生态的颜色运用到设计中，从而实现人与生态的亲密接触，让人从色泽上就对商品感到舒适，产生亲切感。汉麻纸的颜色贴近于自然界中树木原色，它清新纯净，代表了生命最原始的状态，有利于人们保持健康淳朴的心态，具有精神治疗的功效。将纯净的原木色引入普洱茶的包装设计中，使人与自然的亲密性进一步拉近，更容易让人融入生态环境中，产生喝了用其包装的茶叶，就能获得健康的感觉。

现如今，由于时刻面临着纷繁色彩的狂轰滥炸，人们逐渐对鲜艳夺目的颜色失去了兴趣，目光开始转移到了相对柔和的颜色上，以寻找心灵上的宁静。汉麻纸的这种厚重质朴颜色，使人们找到了最初对自然界的心理感受。因此，用汉麻纸包装的普洱茶从视觉上可以帮助人们消除城市发展带来的快节奏和强压力，追求舒缓平和的生活态度，这也与人们的饮茶文化相一致。

## 六、汉麻纸运用在普洱茶包装中的意义

汉麻纸是中华民族传统文化的结晶，凝聚着中华儿女最原始的智慧，它的制作工艺最早可以追溯到四大发明中赫赫有名的造纸术，直至今日，起良村还保存着专门纪念蔡伦的庙宇，可见这项文化瑰宝在当地人心中占有举足轻重的地位。传统工艺汉麻纸作为普洱茶的包装设计，将我国的传统文化和现代包装设计理念结合在一起，遵循绿色环保的要求，适应现代人的审美需求。茶叶包装设计在吸收外来文化的同时，也要从保护我们本民族的文化

为本位的思想理念出发，以我国文化特有的形象提高其在国内外的市场竞争力。

汉麻纸是纸类中最古老最优秀的纸，用其作为包装材料配合我国优质的普洱茶，既弘扬了我国民族文化，又巧妙迎合了国际倡导的绿色可持续包装材料的理念，将绿色环保与文化沉淀融合起来，相信在不远的将来，它一定会跻身国际市场上优秀茶类包装行列。

# 第三节　中国书画元素在包装设计中的运用

中国书画元素应用到包装设计中，可谓是从不同角度来展现国画之美，同时，也给现代的包装设计带来新的活力与生机，为中国书画提供了一个展现"自我"的舞台。本节即从中国书画的艺术特点入手，详细阐述中国书画元素在包装设计中的应用。

## 一、中国书画及其艺术特点

中国书画的历史发展悠久，经过多次的历史演变与发展之后，形成了以借物咏怀来展现本民族的悠久文化和审美观，并在创作与实践过程中积累了丰富的经验，造就了精工细雕的"工笔"和大方潇洒的"写意"两大样式，再加上纯以彩色图覆盖的"没骨"和"五色俱来运墨"的水墨以及简练笔墨勾勒的"白描"，可谓是历史悠远、百花齐放，在世界艺坛独树一帜。

"天地与我并生，而万物与我为一""穷天地之不至，显日月之不照"等写意性的艺术观，构成了中国画互相融合、主客观一致、既展现事物又体现自我思想的宽广思维方式，使中国画表现出了一种跨越表象，穿越时空，又坚持着永久法则的梦幻世界。"外师造化，中得心源"是中国画最基本的创作原则。此原则形成了"写生"传统，使创作出的中国画展现出了高尚的人文精神。不仅把生活物象进行了生动的表现，而且更注重传达一种心旷神怡的视觉审美感受。中国画以物抒情、以情表意，既表现出了特有的生活物象，又使其表现出了明显的个人色彩。意象的造型观念使"外师造化，中得心源"的创作过程不受形似的束缚，不可以临摹自然，而是强调以自然的物象作为传情达意的中介，强调把握其内在拥有的神韵，使自然与人、主客观、内外之美融合统一在一起。因此，"贵在似与不似之间"最终成为意象造型观念最好的诠释。

中国画的核心结构是程式。它是由中国历代画家通过辛勤的对艺术规律的探索，最终总结出的艺术硕果，是画家通过特定的历史文化积淀以及长期的生活观察、提炼与累积的结果，是"大匠授人以规矩，不能教以巧"的完美展现。前人的不断创造使程式化具有强大的威力。程式的运用不仅使中国画的笔法、墨法、画法有序可循，而且使中国画具有一定的普遍性。程式是中国画构造艺术形象的重要骨架，它拥有着前人的个性化的灵魂，对于中国传统文化的继承和发展奠定了一定的基础。程式来源于生活。可以说，程式是画家在大自然的基础上对生活物象感悟总结，进而形成对自然的升华。掌握与借鉴程式，是一个继承传统的好过程。

中国书画中书法的书写性与表意性是以线的基本造型作为最基本的表现语言，使线的审美价值远远超出了自然物象本身。中国画家在尊重客观事实的基础上，以作者的内在感悟与外在审美观，作为创造的依据来恰当地运用线。对于那些抽象的线，经过多次情感的筛选与重组，达到了物象的表意性与意象概略性的统一，使"线"这种特有的艺术语言，经过长期的历史积累，成为中华民族对中国书画艺术共同的视觉界定。我国书法讲究的是残缺美，这种美可以说是世界上特殊的美。

## 二、中国书画元素在包装设计中的审美特征

### (一)力量之美

包装设计最终的目的是传达信息，让观众在有限的时空条件下过目不忘，让消费者在众多的设计中留下较深的印象。为了达到这个目的，包装设计作品形象多由力量的表现来共同构成画面给人以视觉冲击力。中国古代的艺术理论中就称好的艺术形象为力象，"六法"里讲"气韵生动"，气韵就是鼓动万物的生命力。中国画对线的要求如"入木三分""绵里藏针""贯气顺畅"等都是"力"的具体体现。书法线条中有所谓"锥画沙""折钗股""屋漏

痕"等不同的形态类型，也是以表现力量感为主要的审美意味。力度感还表现在形态对外力的反抗上，形态要勃勃有生机，如向上性，克服引力，拔地而起感；向光性，争取能量感；扩张性，争取空间感等。在包装设计中吸收中国绘画的表现语言时，要注意形态由力度带来的扩张感、速度感、运动感，注意结构给人的严密、松散、结实、空间等。

(二)空间之美

包装设计中的空间形式，主要是针对包装平面中的形给人视觉上的各种感觉而言的，这种感觉的空间形态具有幻觉性。在平面艺术中空间是一种视觉空间，是人为创造的结果。包装设计的空间与水墨画的空间一样，都是二次元空间，也就是由长与宽两种单元因素构成的空间。因为包装设计运用的形态特征较多，比如正负、消失、减缺等，这就使包装设计空间比水墨画的空间有更大的灵活性。包装设计的特点要求观者在很短的时间内了解主题，并留下深刻印象，在设计的画面里利用空间加大冲击力，易于达到突出主题的效果。空白在画面中的比例多少，也能产生一定的空间感。这就要求设计者具有精湛的构思，不仅考虑图形的大小比例，还要考虑空白的多少，即图与底之间的均衡合度。

包装设计构成中形成空间感的因素有重叠、大小变化、倾斜变化、弯曲变化、肌理变化、明度变化、投影效果、透视效果、面的联结等。重叠会产生一前一后或者一上一下的感受，大小变化是由于视觉的原因产生近大远小的空间感，倾斜变化会产生空间旋转的感觉，弯曲本身就在视觉感上产生深度的变化，肌理和明度通过对比变化也能照成空间的深度感，投影和透视本身就是空间的一种表现方式，而面的联结、弯曲、旋转均可以形成体。由于表现方式多样化，在包装设计中还形成了矛盾空间，矛盾空间是故意违背透视学原理，利用平面的局限性以及视觉的错觉形成的。

(三)简约之美

简约的定义应该是：简捷明快不单调。简约不等于简单，而是形象简捷，寓意丰富，这个概念一定要明确。图形与文章一样，妙在以极少的要素表达最多的信息。"以少胜多""以一当十""计白当黑""无画处皆成妙境"是中国绘画文化对简约美感的总结。在吕敬人设计的《朱熹榜书千字文》里面，作者就运用了以少胜多的简约手法。书法艺术中最简单最基本的就是偏旁部首，设计者为了在有限空间内表现朱熹千字文的书法艺术精髓，并将这一理念体现在平面中，就用千字文中基本元素的撇、捺来表明主题。单纯图形的特点，一是形的单纯划一；二是色的量少而视觉上的丰富；三是构图上的规律和合理性。单纯图形的优势为，最醒目，视觉效果最好，最便记忆，最便加工。因此，简约的美感在包装设计中屡见不鲜。在设计中，水墨画笔法的运用不是形式而是内容，具有深层含义。在招贴中，也是以简约来构成画面的特点。画面中的元素极其简单，水墨的枝条，水墨的嫩叶，给人以诗一样的意境，展现了作者在中国书画方面的修养，毛笔的书法性线条和渗化感的水墨效果，在广阔的空间中造成对比，显示了高雅的文化品位和人文情怀。

(四) 意境之美

意境，是指文艺作品用艺术语言创造出的一种艺术境界，能使观者通过想象和联想，有如身临其境，在思想感情上受到感染。中国书画文化总结意境美感时讲到"虽不能至，而心向往之"，引领观赏者进入一个超现实的自由世界。于设计作品而言，设计师要创造意境，必须着意于作品具有启发和引导欣赏者进行丰富的想象和联想的力量，这种力量一旦形成，欣赏者就会凭借它展开想象的翅膀，达到理想的境地，于是作品才能发挥其熏陶、感染、潜移默化的精神作用。

## 三、中国书画元素在包装设计中运用的基础

第一，包装设计与中国书画保持相互亲密的关系，这是因为无论是设计，还是书画都来源于传统的民族艺术。

第二，包装设计平面元素与中国书画元素具有相似之处。色彩、图形、文字是包装设计的基本元素，而印章、国画、书法则是中国书画的画面。

第三，在构图方式上，中国书画保持与包装设计相类似的版面设计原则，都习惯留白，造成一种"无画之处皆成妙境"的状态。在包装设计的版面设计中，也讲求规律性编排，同书画构图原则也基本一致，追求最本质的和谐之美。

第四，包装设计与中国书画之间也存在一定的差异性。包装设计是普遍性的，是为人们服务而存在的，但中国画具有鲜明的特色，属于个人的。包装设计是以美化商品、促进商品销售为目的，是为了满足大众生活需求而服务。中国画则是通过作者的理念与感悟，通过绘画的方式来展现艺术。相比之下，包装设计更具艺术性和商品性两种特点。包装设计是为了销售，具备一定的艺术性。在包装设计中应用中国书画元素，给包装设计增加了审美价值，同时也提升其艺术价值，最终达到推动商品销售的目的，展现出最理想化的包装境界。

## 四、中国书画元素在包装设计中的具体运用

### (一)笔墨

中国书画具有独特的美学建构，是以笔墨这一独特的形式表现的，应用笔墨这一特殊材料的过程中，线是中国画表现物象重要的表现方式之一。可以说，中国画独一无二的地方就是笔墨美的表现。

在现代包装设计中，笔墨作为一种文化象征，体现民族文化特点；作为一种艺术观念，将独具东方意味的风采展现于世界；作为中国画技法表象，可以妙造一种水、墨、笔、色相交融的特有艺术风格；作为一种技法程式，传达一种喜怒哀乐的心态变化。可以用笔墨相互依存的关系为中国书画的创新和包装设计的发展提供一个广阔的天地，展现民族特色。拥有着360年历史的"王麻子"刀剪业的金字招牌，占据了刀剪行业的一半领域。采用粗重的毛笔笔触画一个圈，这笔墨的技法使"老北京王麻子刀剪1651年创立"几个字样醒目而富有张力，传统书画笔墨与现代设计相融合，给包装提升了文化品位。

### (二)线条

中国画崇尚简约，线条的力度感和表现力至关重要。由于线的使用，导致了中国画的典型性，使写意性的意象思维和用线造型的形式基础得到了统一。用线造型构成了中国画的主要特点。任何种类的绘画都有自己特定的表现手段。这种表现手段无不受到绘画所使用的物质材料的制约。另外，书法

线条的表意性历史更为悠久，同时由于中国画与中国书法不仅同宗同源，而且工具材料也完全一致，当书法线条自然地融入中国画用线中时，便能更有利地拓展线条性格化的发展，使这些或庄重典雅，或洒脱飘逸，或灵变松活，或刚健挺拔，或雄浑苍劲，或质朴古拙，或圆润秀美的线条，不仅成为画家心灵情感世界的迹化，而且使线条本身获得了独立于物象之外的审美价值。

中国书画以线的移动或拓展变化应用在包装设计中，其线成为作者表达感情的方式，流露出作者的情感与意念，使线具有性格化的特征。云南白药的包装设计，用大毛笔的笔触画了随意几笔作为主体文字的背景，衬托"云南白药"四个字。云南白药以其独特、神奇的功效被誉为"中华瑰宝，伤科圣药"，与中国书画元素相结合，体现了云南白药的百年历史，药效之高。线所具有的气质，构成了中国画的品位与格调。在某种程度上满足了人们的意愿，深得大众的喜爱，同时也证明了设计师的实力。

(三) 赋色

中国书画的"随类赋彩"不要求画出的事物的色彩与其本身固有色相一致，可以根据自己的主观思想意念来着色，即以物象固有色的"色"与艺术所需要的色来着色。画出来物象的色彩不是事物本身的色彩，是画家根据生活中的意象思维虚构产生的结果。例如，生活中常见的水墨竹子、荷花、牡丹等，墨色淋漓，变化万千；工笔花鸟画中的典型实例彩色花，墨色叶。在中国画传统运用中，有五墨六彩之说。墨色的种种变化是通过加入水量的多少来展现的。例如，"月色江南"的包装设计，通过调出浓淡不同的墨色，产生浓淡干湿的对比变化，使用中交互相见，融合在一起。形成了构成墨色的整体结构，配置出丰富多彩的墨色。其应用在包装设计中，也会展现出别样的趣味性，也有了一定高雅的意境之美，富有诗意，有一种下江南的感觉。

(四) 构图

空白的存在，使核心的设计元素更容易被发现，从而使它们产生吸引观赏者眼球的作用。空白不是真空，它是允许其他元素发挥作用的中性空间。"计白当黑"是中国画构成的一大特点。因为书画中空白的利用，形成黑与白的互相对立，相互依存的关系。黑处容易，白处难留，空白来自取舍，而布白则是对物象布置的精心概括。不同的画家对于空白造型的理解，因性格因素而有一定的差距，这也形成了变化万千的创作风格。中国画构图中空白的虚步，在构成中无处不在，与物象相互依存。

## 五、中国书画元素在包装设计中运用的新发展

### (一)利用先进技术手段体现时代风格

现代高科技、信息化使国内外企业的信息竞争越来越激烈。我国包装企业的国际化趋势进一步加强，互联网四通八达的今天，企业不仅仅要立足国内市场，还要向国际市场进军，这就要求企业的包装设计要符合高科技的发展，要始终跟随时代风格的发展潮流。

在多元化发展的时代，包装设计也在为提升企业核心竞争力、推动企业经济的发展起到了重要作用。因此包装设计应当紧随时代发展的需要，跟随大众的审美情趣，与新时代包装设计对中国书画元素的需求相适应，带给人们别具一格的感官享受。在部分企业的产品包装设计中，其书画字体虽然进行了设计和装饰，使用了各种各样的特殊方法，但在信息传播过程中，其文字却因为哗众取宠，失去了本身应有的传达信息最为基本的作用，变成华而不实的"皇帝的新装"。其艺术性、视觉效果无法适应新时代人们高水准的、多元化的审美需求。另外，陈旧的表现形式随着时代、科技、新媒介等的不断进步和提高，已经无法满足人们的视觉要求。因此，必须解决包装设计中应用书画元素表现形式陈旧的弊端。

中国书画应用的包装设计需要极富艺术个性特色的书画艺术形式，以独特的形式展示其丰富的内涵，通过书画可以与受众更加有效快捷地进行互动，树立企业形象。越来越多的企业希望通过这一快速有效的设计形式来传递企业信息，达到区别于其他企业信息的传播效果，起到弘扬传统文化的作用。对于消费者而言，通过这样的方式进行交流、沟通、获取信息，可以增强记忆的趣味性和记忆强度，从而加深受众对企业正面形象的认知度，并使受众产生隐性购买的欲望。因此，中国书画在包装设计中的应用，对现代企业发展、变革具有重要的促进作用。高科技的发展促进了中国书画的发展，形成了不同的视觉传递形式，形成了多样化的现代设计形式。

（二）促进书画艺术与企业文化的有机结合

包装设计是整个企业视觉识别系统中的重要环节，是视觉识别设计中最具传播力和感染力的部分，最容易被公众接受，具有重要应用价值。中国书画应用于包装装潢设计，是以书画元素为基本要素，运用形式美的法则对书画元素进行造型、构图、设色等，使之成为传递商品信息、满足消费者需求的设计作品。在进行中国书画应用的包装设计时，设计师除了在作品中表达个人风格以外，应更多地考虑、适合消费者的审美要求，设计并不是最终目的，销售才是真正的目的所在，因此，在设计表现中应注意以下几方面：

（1）选用书画元素时，要选择能够凸显包装材料本身所具有的质地、肌理等特点的，选择具有色彩魅力、具有巧妙构思和高超的表现技巧的书画作品作为设计元素，使设计效果产生最强的视觉冲击力。

（2）充分利用现代科技对中国书画元素进行设计，并辅以必要的文字介绍，为消费者了解和使用提供简练、准确的商品说明，引导消费。在具体设计表现中注意书画包装形象自身的鲜明性和与其他商品的和谐性，展现其独特的文化内涵。

（3）用传统的中国书画元素来创造名牌形象。包装中的企业标志是把企业理念、规模、经营的内容、商品的主要特征等要素传达给消费群体，也是商品畅销与否的主要因素。因此，要正确地把握商品的信息度，用传统的中国书画元素来创造名牌形象，凝聚成具有传达力度的品牌符号。

（三）充分体现以人为本的设计理念

在应用中国书画元素进行包装设计时，要始终坚持以人为本的设计理念。以人为本的设计理念是包装设计为消费者服务、进行人性化设计的根本的、恒定性的因素。以人为本明确了现代包装装潢设计的方向，是贯穿设计全过程的指导思想。以人为本进行人性化的设计，能使设计的各因素体现其价值，并取得理想的效果。人性化设计要根据市场、商品、消费的实际，从消费者的需要出发，进行创新性设计。人性设计必须真实地反映商品的相关信息，如传统、文化、产地、品质等。设计的主题及支撑主题的组成部分，要以适合消费者视觉、认识、心理要求的图形、色彩、文字及相关造型等予以明确的艺术性的表达，使消费者为具有艺术美感性的商品信息所感染，在赏心悦目中了解商品及其使用的信息，起到以人为本、为消费者服务性质的广告性促销作用。

运用人性、广博、科学、艺术、系统的设计因素进行包装设计，其中的人性化设计因素能增强商品与消费者的亲和力，有效感染消费者，其他设计因素通过图形、色彩、文字等，对相关主题、思想进行全面、科学、系统的设计，就必然会增强其传递信息的媒介功能，从而有效地促销商品，树立商品、企业形象。

随着环境意识的增长，人们日益认识到过量生产，消费和浪费的危害性，可持续包装的生产也变得越来越广泛。现在，为各行各业工作的设计师，都在努力生产可持续的包装。当今社会，使用极简易的包装已经成了一种日益流行的趋势。在进行书画包装设计时，要考虑它的多种功能性，让其更好地结合。

# 第四节　传统纹样在茶产品包装中的运用

茶是最能够代表中国传统文化的商品之一，相比于其他商品，其包装更应当注重中国文化内涵和民族风格魅力的传达。中国传统纹样的合理应用，有效地提升了当代中国的设计水平。相比于现代纹样，中国传统纹样无疑具有更广的包容性、更深的文化性和更远的传播性。本节即对中国传统纹样在茶产品包装中的应用进行分析与探索。

## 一、中国传统纹样的含义与艺术特征

### (一)中国传统纹样的含义

美学家卢卡契认为："纹样本身可以作这样的界定，它是审美的用于情感激发的自身完整的形象，它的构成要素是由节奏、对称、比例等抽象反映形式所构成。"而中国传统纹样从原始社会的彩陶纹样到现今，已有6000—7000年的历史，它是从历史的长河中流传下来的蕴含中华民族传统文化的纹样。中国传统纹样是中华民族悠久文化的见证者、记录者和传承者。

（二）中国传统纹样的艺术特征

1. 民族性

每个国家、每个民族，都有自己独特的历史和文化传统，它反映着人民生活、风俗、习惯、爱好等特点，从而形成了自己独特的民族艺术。"天人合一"是中国文化的本源，强调人与自然的融合。这既是生命的最高境界，也是艺术世界的最高理想。所以中国古代传统纹样，描绘的是关于自然的本质感觉，而不是自然的本质图像。是从观察客观自然的"真"与主观印象的"意"相融合而产生的中国绘画中的"意"。西方文化的思维模式，是精准地认识和把握客观事物。西方的艺术本质是：对现实对象的再现或模仿。

如对于花卉纹样的描绘。中国传统服饰纹样在选取花巧题材时除了考虑其客观的可装饰性外，更多的是加入了主观观念的成分，装饰手法主要有象征、寓意、比拟、谐音、表号等。中国传统花卉纹样主要以牡丹、菊花、莲花、梅花等最为常见。西方描绘的植物纹样更多的是对象本身在造型与色彩上拥有的自然之美。常见的花卉题材有玫瑰、向日葵、雏菊等。

2. 地域性

传统纹样图案的应用，随着不同的自然地理环境与人文习俗风情，呈现出较强的地域性特点及自身发展规律。我国地域辽阔、地理环境复杂、民族众多，文化形态千差万别，中国传统纹样受到地域性影响巨大，考虑到中西方的地域和文化差异，纹样的差别更大。在不同地域的社会生活、风俗习惯、历史文化、宗教信仰等综合影响下，各个地区的民间美术在功能和审美标准上也形成了约定俗成的特点。

3. 符号性

中国传统纹样中，也包含着符号性的一面。它是在纹样中通过视觉经验及视觉联想向人们传达某些图形、语言、意象等含义。中国传统纹样图案就是一种典型的艺术符号，其传达出来的意义是相对稳定的，不会被随意更改。它的符号语言主要体现在色彩和图形上，内容极其丰富，涉及哲学观念、道德审美、图腾崇拜等各个层面，如龙纹样，它的符号性是随着数千年的中华文明的变迁而不断地变化发展的。龙本是人们想象出来的东西，所以，"龙纹"象征"真龙"需要成为人们约定俗成的认识，只有这样信码才能形成。一旦形成后，人们就可以通过这一符号彼此间发送、接收信息，"龙纹"作为一种符号也就从此确立起来了。龙纹就是神力的象征，皇权的符号。

## 二、中国传统纹样的造型风格与设计思维

### (一) 中国传统纹样的造型风格

中国传统纹样有其自身的造型发展脉络，由起初的简单线条、单一颜色发展到现在的图形复杂、结构多样、内容繁多、色彩丰富。

从彩陶上的纹样开始，随着物质条件以及生活方式的改善，特别是在满足基本的生存需求的基础上，纹样形式更加丰富，内容日趋广泛，覆盖面涉及生产、生活、宗教和祭祀等方面，形态多以单独和连续纹样等构成，其特点是通过对现实生产、生活的反映，表现对精神层面的需求。

奴隶制社会的鼎盛时期，青铜器上的纹样，题材新颖多样，结构严谨，体现出的艺术风格精美的制作工艺，都达到了前所未有的高度。春秋战国时期的则以青铜器、漆器为典型代表，玉器、织绣等也被广泛使用。器物上的纹样，由单纯粗犷狰狞趋于成熟精细，由体现神秘转向平民化、生动化。青铜器物由于生产工艺的限制，较少有重复的造型，一般只有单件存在。高昂的成本，使得它成为贵族身份的代表，特别是礼制盛行的春秋战国时期，青铜器物的使用成为统治权限的象征，由此带来纹样的形态具有庄重、肃穆，不可侵犯的权威。

封建社会伊始，秦始皇陵兵马俑及大量的陶俑、陶马、瓦当、铜镜、战车和画像砖纹饰，表现了时代的艺术特色。绘画艺术的兴起，加之佛教的广泛传播，作为佛教符号的莲花，在佛教艺术中成了主要题材之一。随着社会文明的进步，纹样艺术主要表现在以陶瓷和丝织为主体的器物方面，其风格以写实为主，花鸟为最基本的题材，其线条流畅，纹样简洁，典雅秀美。明清时期，吉祥纹样最为盛行，运用象征手法如"福寿连年""年年有余"等，反映了人们对美好生活的向往。

从简单的视觉效果来看，纹样形态随着社会制度产生了一定的变化，这些变化体现出纹样产生于社会，服务于社会的根本理念，并随着技术条件

的丰富和进步，造型越发细致饱满，语义更加多样，并渗透到社会的各个方面。其构成特点细腻、精致，充满韵味。在器物上的表现更加富丽堂皇，能够折射出设计者倾注的智慧，反映出时代的精神面貌。这一特征的体现正是时代认知理念与纹样的融合，其表面形态往往蕴含着人们的思想理念。

（二）中国传统纹样的设计思维

中国传统纹样是静态、动态、动静结合变化蕴含其中的艺术。动可以给人以生气、舒张、愉悦的感受；静给人以庄重、平静的感觉；动静结合是静中有动，动中有静，给人以和谐完美之感。同时也是中国传统思维中的追求平衡和协调的思维方式，对事物的取舍不追求跳脱，缓缓图之的气度。

中国传统纹样的设计思维理念伴随着纹样设计发展而逐渐成熟起来。它的形成与中国传统文化思维相互伴生，传统文化的土壤是其源泉。历史所构建的文化心理结构，能够传导至现今社会，对用户的认知心理产生影响。因此发掘其设计思维资源，可以为现代设计文化提供良性的思路，正是其思维的形成才能够代表中国的传统，而不是将表面的式样简单复制。中国传统纹样的发展历史悠久，其间受到多元文化和民族文化的影响，形成波澜壮阔的纹样文化。其伴随着整体文化的大背景下传承，在这其中文化思潮的涌现，使得思想和思维一直不断地更迭，很多思维起到关键性作用。

第一，系统性思维。对该事物的角度采用系统化、联系的观点进行思考，不独立地看待某一种事物，环境不断产生变化的同时自身发展也在不断进步。这样人和环境形成良好的系统循环，表现为针对器物不同的使用情景，其纹样的造型和风格都与之达到良好的协调效果。这种思维还具另外的传统特色，就是善于建立表面不具有逻辑和情理关系的事物对等效果。中国传统纹样当中很多事物形态和意义之间的联系对于我们来说是不可思议的，如蟾蜍的语义，对于现代人来说，我们经常挂在嘴边的是"癞蛤蟆想吃天鹅肉"，其蟾蜍（癞蛤蟆）是被人所藐视的物种，但因其一次性排卵数量庞大，人们将其与子子孙孙、人丁兴旺联系在一起。

第二，整体性思维。所有的事物现象作为一个整体来看待，发扬事物优点的同时包容它的缺陷，全面地思考问题，更关注背景和关系，同时也将事物的长处、短处作为相互补充的两面，具有互补与互生的概念。更多地借助经验，而不是抽象的逻辑，具有感性意象的艺术创造力。如认为整个世界是由五种基本元素构成的，它们是在现实中普遍存在的五种自然物。这五种自然物的性质均是人们在日常生活中经验到的。"五行"不仅是宇宙构成的基本材料，即所谓"先王以土与金木水火杂，以成万物"（《国语·郑语》），同时也是宇宙的基本秩序，即"天有五行，一曰木，二曰火，三曰土，四曰金，五曰水。木，五行之始也；水，五行之终也；土，五行之中也，此其天秩之序也"。

整体性思维很好地说明了事物的对立面和整体互生的特质，从中国的太极纹样来看，是物极必反的典型代表，由此我们就可以理解，传统纹样中大多使用凶、险、丑、恶的形态，如凶猛动物、传说中的邪恶人物形象，甚至认为臆造的形象能够抵挡妖魔鬼怪，实现吉祥如意和平安康乐的目的。在古人心目中鬼魅是凶残恶毒的代表，是能够伤害人的东西，人也相信鬼魅是其他事物所惧怕的，所以在中国传统民居中，可以看到其作为门神的形象，它又具有镇宅辟邪的作用。在寺庙宗祠中人们敬畏的那些神祇，一般都是怒目而视、凶神恶煞的形象，有的手中持握宝剑利器，典型的如打鬼的钟馗，外形威严刚猛，一副凶恶的样子。在我国很多地区的民俗中也具有这一体现，如在陕西地区的民俗活动当中，人们常常把具有剧毒的动物图案绣在肚兜上，以这些动物的毒性来抵御外邪的侵入，借此保护孩子的平安。

第三，类比思维。类比思维是指依据事物的外部特征或内在属性进行比照与联系的思维方式。中国传统思维善于抓住事物之间的某种相关进行类比象征，以达到由此及彼、由近及远地分析与表述的目的。类比思维，是就"天、地、人、万物"之间的外部特征与内在属性进行类比。就内在属性而言，比如"观天象知人事"的事例。在中国传统纹样设计思维中，人与自然、社会具有密不可分的关系，相互之间具有一定的联系，同时也存在相互间的矛盾，所以古人常常将其放在一起进行比较，同时形成了"天人合一"的思想基础和构建体系。因此，在传统纹样中特别注重完美的体现，形成后期越发注重饱满、充盈、富足的求全美满的境界。

## 三、中国传统纹样应用到现代设计中的具体方法

### (一) 再造想象

中国传统艺术中的联想方法是借助象征、谐音、比喻和借喻等来表达内涵的。再造想象,则是借助传统纹样的已有形式、元素进行置换,创造出新的形式,或者是对原有纹样的内在信息进行深入挖掘,扩展其内涵的辐射面,在与茶产品结合的基础上进行新一轮想象。再造想象则是中国传统纹样融入茶包装设计必须经历的创造性过程,也是传统纹样再设计的本质性问题。例如,葫芦纹是流传于中国各个历史阶段的图形,即使今天仍被现代人所用。细观中国传统纹样的演变,可以清晰地看出,新应用、新形式并不是对原始纹样进行彻底的否定颠覆,而是与新的艺术观点融合成符合时代特色的形式美感,使传统纹样随着人类发展的脚步不断丰富拓展。同时,现代设计借鉴传统图形时,需要注意的是,如若不了解传统图形原型的内涵和寓意,很难发挥原型的最经典之处。

### (二) 二次抽象

中国传统纹样的图形结构冗杂,并不适合直接沿用于现代审美,必须进行概括、简化、二次抽象的过程。对中国传统纹样应用于茶产品包装设计时,可从以下两个方面开展"再设计":一方面,运用处理传统纹样时,提炼取舍原型中最本质、最有代表性的元素,在此基础上进行夸张、强化,突出传统纹样最个性化、典型化的元素;另一方面,是以几何抽象形态对原始纹样加以演化,使原始纹样形态转化,变得更加简洁凝练,更具有现代美感。简单来说,就是"提炼"和"概括",使得传统纹样剔除繁复保留核心内容,符合现代审美标准。

### (三) 观察与联想

对于艺术的敏感性,主要表现在对日常生活细节的感知力上。观察,是做好设计的前提条件。茶的原材料通常都在交通不畅通经济欠发达的地区,对于传统纹样在茶产品包装设计中的应用,可以实地考察的方式,去民俗文化村落观察当地民俗文化,也观看茶叶采摘生产过程等。提炼创作素材后,

再借助素材进行联想与想象，产生新的纹样。新的纹样，经过形式美法则来提炼取舍，再组合装饰，成为最终我们完成的纹样。

（四）形象再构

把中国传统纹样融入茶产品包装设计中，可进行形象再构。形象再构是把纹样从原来图形中提炼出新的构造成分，再运用新的构成方法，促成新的样式转换。分解的方式有：原形分解，将图形整体分解后再重新组合；移动位置，打破原有图形的组织结构，通过变形或者重新排列切除，将原形分切后保留有特征的部分。而转换则是再设计中关键的一步。

## 四、中国传统纹样在茶产品包装设计中的运用

（一）形的创作

"形"是指图形所呈现出来的外在形状和内在结构。中国传统纹样自古就是运用在器物建筑的美观装饰上，注重形式美，强调形式美感的表现。配合茶产品自带的文化属性，本身就会有别具一格的装饰美感。传统纹样应用于茶产品包装设计中，最先需要重视的就是"形"的运用。"形"是茶产品包装中，最具视觉冲击力的元素。它不受文字语言的障碍，没有国界。中国传统纹样自古就注重形式美，强调形式美感的表现。

"形"作为包装的信息传递员，不仅可以作为产品品质的发言人，还会以其特有的形式传达包装背后隐藏的文化和精神。可以通过传统纹样"形"的创作，让购买者得知茶产品的更多信息，如茶历史、茶产地、茶文化等，使茶叶的流通无形中成为一种有益的文明互通方式。"形"的不同变化，如适当的夸张或者变形，也可以使产品更具有吸引性和趣味性。所以，在茶产品包装设计中运用恰如其分的"形"，可以很好地提高茶产品的自身魅力，让茶产品更能迎合购买者的内心诉求。

（二）"意"的延伸

"意"一般是指精神层面所传达出的文化内涵和美好愿景。刘勰的《文心雕龙·神思》中言："是以意授于思，言授于意"，很好地诠释了"意"的含义。对于中国传统纹样中"意"的表达，是其流传至今的根本。通过传统纹

样我们不仅能看到它的外在形式美感，更是透过它的视觉语言了解了其丰富的内涵，这就是中国传统纹样经久不衰的原因。中国传统纹样不仅在造型和色彩上具有很高的欣赏价值，更通过其造型和形式传达出某种隐含的潜在的吉祥意义。

时至今日，在中国的农历传统节日中，依然有互相馈赠茶点的习俗。走亲访友时，能够传达美好祝福是选择礼品时考虑的首要因素。所以，我们运用传统纹样时，不仅要把目光停留在形的美感上，也要关注到其"意"是否与该茶文化有共鸣。古往今来，传统纹样一直追求"图中必有意，意必表祝愿"。如果将其应用于现代茶产品包装设计中，可使其"上下皆是意，左右皆为形"，能让茶产品包装中的传统纹样与其茶文化、茶历史有效融合，延伸其"意义"，可以让人们更容易被其包装的文化性所吸引，也更有利于走出我国包装设计的特色之路。这样的设计作品，在国内外不仅具有明显的商业卖点，更能展示出茶品牌公司对传统文化的尊重与领悟精神，是"形神兼备"的设计作品。

(三)色的运用

色彩在视觉活动中最具有特殊敏感性，它起到一种吸引视觉的诱惑作用，可以在一定程度上影响人的感知。传统吉祥纹样中的色彩，是以客观色彩为依据又不受客观色彩限制，具备一种理想色彩的美感特征。传统纹样在色调的把握上具有简洁、质朴的性格特征，这样既可真实地表现商品形象，又可以有效地诠释茶产品包装的主题。

在中国古代的色彩观中，有色彩的等级和贵贱观，颜色是身份地位的象征，如黄色是御用的颜色。有时不同的颜色也须按照不同的节气穿着，如汉代的祭祀礼服，需要按照节气搭配不同颜色，春天穿青色，夏天穿朱色，秋天穿白色，冬天穿黑色。中国传统文化的根深蒂固，使中国的色彩也具有一些基本的特定属性，这是中国色彩的吉凶观，如红色象征吉祥与喜庆，白色则表示凶兆与悲伤，这就引申为中国人口中的"红事"和"白事"。

中国传统纹样的色彩观中，还有一种常被提及的是五色论。《辞源》中记载"五色韶青、黄、赤、白、黑也"。古时规定，这五种颜色是正色，别的颜色皆是间色。古人这五色与古代哲学思想五行学说相对应——白色是金、韶青是木、黑色是水、红色是火、黄色是土，使得五色论更具传统文化意义。因此，当中国传统纹样应用在茶产品包装设计中时，对于传统纹样色彩的选择必须充分遵循当地购买者用色习惯以及注意当地购买者的避讳，以达到更好的销售效果。

## 五、传统纹样应用于茶产品包装设计的注意事项

### （一）搜寻地域性的纹样素材

中国的茶叶种类繁多，资源非常丰富。盛产茶叶的区域，通常都有自己悠久的文化历史。为了加强茶产品的独特商品特色，时常可以选用当地建筑、服饰、地理环境元素等作为该茶产品包装的设计元素。地域性纹样不是我们在各个景区所看到的"旅游纪念品"，而是现代城市中十分匮乏的不可复制的"资本"。地域传统纹样时常蕴含着丰富的文化含义和独特的精神元素，在长期的历史演变中，形成了具有特色的当地符号。具有地方特色的传统纹样，不仅有浓厚的历史韵味，而且可以将当地人的风俗观念都传达得淋漓尽致，从而使消费者对茶叶的产地产生浓厚的兴趣。地域传统纹样具有其独特的艺术美感和特定环境的历史土壤，它是从当地文化、风俗习惯中汲取出来的。纹样的运用，不是简单的拿来主义，而要符合当前茶包装的价值定位和设计理念。

### （二）现代设计理念与传统纹样相结合

传统纹样具有丰富的寓意和当地的人文特色，传统纹样的选择运用需要慎重考虑。通常图形，不管是具象的还是抽象的，意在能够在第一时间传达信息。传统纹样运用在茶包装中，将更加有利于信息的全面传达。所以传统纹样的选择对于茶包装设计至关重要，不但要体现产品信息，还要传达地域文化。与此同时，我们需要注意的还有传统纹样与现代设计理念相结合。时代在变迁，生搬硬套已经不合适当前的审美法则了。运用传统纹样的方式需要与时俱进，要符合现代的审美法则，也要结合现代常用的表达手段。

# 第八章　包装设计的发展趋势

　　包装的主要功能是保护商品，是为商品进行运输、搬运、销售所做的合理的外包装设计。目前包装有更大的使命就是促销和建立品牌形象的设计。为了更好地销售和保护环境，考虑到包装今后的发展，比如，绿色环保、简约化、人性化、互动式、概念形态、虚拟化都是未来包装设计的发展趋势。

# 第一节　包装设计的绿色发展趋势

绿色包装是指可以回收利用的、不会对环境造成污染的包装。它意味着包装工业的一场新的技术革命——解决包装材料废弃物的处理和降解塑料的开发。目前，我国设计的包装产品是以尽量节省资源为目的的包装，如可再用环保袋等就是较好的节省资源办法。

## 一、绿色包装的概念

### (一) 绿色包装的定义

绿色包装，学术上并没有统一的定义，可以说它是一种概念设计。现有文献对其说法不一，综观各种定义，大多从绿色包装的作用出发。一方面，是以生态环境保护为原则，强调生态平衡，以达到生态环境损坏最小化；另一方面，有利于保护自然资源，以节约资源能源为目标，重视资源的再生利用。它的基本思想可以理解为，在设计初期阶段就应将环境因素和预防污染的措施纳入产品包装设计当中，充分考虑包装会对资源和环境造成的影响，将节能环保作为产品包装设计的出发点和目标。在对产品包装的功能、质量、成本和开发周期的充分考虑下，将相关因素优化，保证包装在制造、使用的过程前后对环境的整体负面影响最小化，使产品包装达到绿色环保的指标要求。

在对绿色包装的作用有所了解之后，绿色包装将被这样界说：绿色包装是指以环保材料研制成的，在包装产品的全生命周期内，既能满足包装功能要求，同时又对生态环境和人体健康无害，是一种可回收复用、可循环再生、易于降解、可促进国民经济持续发展的生态包装。也就是说，包装产品从原材料的选择、产品制造、使用到回收和废弃的整个过程均符合生态环境保护的要求。它包括节约自然资源、减少或避免废弃物的产生、废弃物可循环利用等具有生态环境保护要求的内容。绿色包装的出现反映了人类对当前环境与资源破坏的深刻反思，同时也体现出现代包装设计师道德与责任心的回归。

(二) 绿色设计与传统设计的对比

传统的包装设计是一种粗放型的设计，它是根据客户对包装提出的功能、性能、质量及成本要求而进行的设计。在设计过程中，设计人员极少或者根本不会考虑到有效的资源再生利用及包装废弃会对生态环境造成的影响，在制造和使用过程中也很少考虑包装废弃后的回收。就算有也仅是有限的材料回收，用过后则被丢弃，其生产模式为包装的生命周期从"摇篮到坟墓"的全过程。这种对能源消耗大、资源浪费、回收率小的生产模式，虽然可以使经济得到快速的发展，但从长远利益来看，这种传统的包装设计模式不仅浪费了地球上的不可再生资源，并且生产制造出来的包装，在生命结束后只能成为垃圾这一宿命，而以目前的科技水平很难对这些固体垃圾进行有效处理。这种"杀鸡取卵"单靠增加投入消耗而不惜牺牲环境的模式是不可持续也不可取的。

绿色包装设计是一种集约型的设计，它与传统包装设计的不同点在于，绿色包装是依据环境效益和生态环境指标以及包装功能、性能、质量和成本要求而进行的设计。设计人员在包装设计方案构想阶段就应该把节约资源、降低能源消耗和保护生态环境等因素列入考虑范围内。包装从概念形成到生产制造，乃至废弃后的回收利用及处理各个阶段，都必须从根本上防止对环境造成污染。其生产模式为包装的生命周期从"摇篮到再生"的全过程，着重点是再生而不是坟墓，是为需求和环境而设计，满足可持续发展的要求。从经济学角度来看，这就是所谓以最小的付出来实现最大的回报。其特点是应尽量减少包装数量及原材料的使用，缩小包装体积，以达到包装轻量化，占用少量空间；考虑包装生产、使用、废弃时对环境的影响；减少包装零部件，避免使用粘合剂，使其易拆卸、易回收；包装废弃物可循环利用，以减少其对环境的污染。

绿色包装相对于传统包装而言，最明显的特点是将环境保护的观念贯穿于包装产品的整个生命过程，即从原材料采集、材料加工、制造产品、产品使用、废弃物回收再生直至最终处理均不应对环境及人体造成危害。绿色包装设计与传统包装设计相比，无论是在涉及的知识领域、方法还是过程等方面都比传统设计要复杂得多。它是现代设计方法的集成和设计过程的集成，是一种综合了面向对象技术、并行工程、生命周期设计等的发展中的系统化设计方法，是集包装的质量、功能、寿命和绿色属性于一体的设计系统。由传统包装设计转向绿色包装设计，以可持续的理念来代替传统的包装理念，是现代包装发展的必然趋势。

## 二、绿色包装设计

### (一) 使用绿色包装材料

伴随着人们环保意识的增强，绿色包装材料逐渐受到商家及设计师的重视，开发新型环保绿色材料亦体现出其重要性。绿色包装材料就是可回收、可降解、可循环使用的材料，在其生产和回收处理方面对环境无害或对环境的负面影响较低，尽可能节约资源，减少浪费。绿色包装材料必须具备以下特性：第一，在材料的获取方面，整个流程需符合可持续包装的要求，做好保护环境的工作；第二，绿色材料本身及其生产加工过程必须是无毒或低毒的；第三，再生材料，既能提高包装材料的利用率，减少生产成本，还可节省大量能源，减少其他资源的消耗及废弃物的排放；第四，可再循环的材料是实现绿色包装的有效途径之一；第五，可降解材料，包装废弃物可在特定时间内分解腐化，回归自然。致力于新型环保材料研发的包装生产型高新技术企业 PACKMAKE 在利用纯天然材料作为绿色材料的开发已较为成熟，如利用树叶、树皮作为包装材料，利用废报纸加工定性后作为包装箱内减震填充物，利用高分子技术加工、改造 PVC 废料，完善合成皮革，减少真皮皮革的应用等。

### (二) 减少材料用量，避免过度包装

过度包装意味着增加包装成本、提高产品价格、消耗更多资源，在对包装废弃物进行回收处理方面也需投入更多的人力和财力，给环境与生态带来负面影响，也给消费者带来经济负担。包装设计人员在对产品进行包装

设计时，应在满足包装的保护功能、审美功能、便利功能、销售功能的前提下，减少包装材料的用量，以减少原材料成本及其加工制造的成本，减少运输成本和销售成本，以及包装废弃后的回收和处理成本。

(三) 优化包装结构

在满足保护产品、方便运输等基本功能的前提下，简化内部结构和外部结构，减少包装材料的消耗与加工制造的工序，减轻包装重量、方便运输分流、控制包装垃圾，使其兼具实用、美观和环保等多重特性。在产品包装材料中有将近一半的材料为纸质材料，其包装形式主要以纸盒造型为主，若通过一纸成型技术即在一张纸上通过切割、折叠和粘贴而制作成型，可大大减少材料成本、节约储存空间，实现绿色包装的设计理念。

# 第二节　包装设计的简约化发展趋势

现代生活中，为了使产品更加吸引消费者的眼球，商家开始越来越注重产品的包装，注重产品的包装设计以及视觉效果，这种过度地重视包装设计，结果造成了包装成本的大幅提高，导致资源的浪费严重。而且，产品包装设计者为了追求产品的华丽，在包装设计中过分地添加图案、色彩、文字等，使消费者产生严重的审美疲劳。对此，应积极发展简约的包装设计，转变人们的消费理念，使人们更加注重生活的品位，形成一种简约的生活态度。

## 一、简约包装设计概述

(一) 简约主义

简约，是一种风格，是一种力求简洁扼要的风格。特点是简洁、单纯明快。简约不是简单，也不是简陋肤浅，而是经过提炼形成的精约简省。简约是舍弃，更是收获；真正的简约不仅让我们返璞归真，更让我们感悟包容。简约是一种文化倾向，每个时期的定义都有所不同，成为一种生活、一种态度影响着我们，并且成为一种被艺术大师、作家、建筑师在近年不断提及的现象。在有些情况下，简约和简洁有着共同之处。简洁的反义词是烦琐，简洁不是内容上的简单删减，也不是表现形式上的简单舍弃，而是设计思维的提炼、表现形式的强调与内涵高度的升华。可以理解为对事物最本质的追求，也可以理解为一种态度和审美的视角。

在艺术和设计的领域，现代主义者为了摒弃烦琐而找寻事物的精髓和本质，可谓是用尽了各种不同的表达方式。他们的使命是要发现被其他事物影响和掩盖了的事物的客观存在的本质。乔治·阿玛尼是优秀的服装设计大师，他在服装设计领域将他的简约设计风格发挥得淋漓尽致。他的服装设计不仅保持了意大利传统服装的高贵感、矜持感，还加入了使服装充满生气和活力的新元素。阿玛尼服装的特点是：做工精良、质地上乘、外观优雅大方，人们穿起来自在、愉悦。这类商品有一个共同的广告语就是"有原因，才便宜"。并不是采用很多的非漂白包装纸等材料，而是能够使人们直接透过包装看到商品，这种简单又直接的手段使消费者购买起来更放心，使消费者和商品更近距离的接触。在材料的选用方面，无印良品在这个过度包装的时代开拓了一种新的方式，它放弃了漂白纸张的过程，而是直接采用呈现浅黄色的自然纸张作为品牌的标准材料。由于当时流行过分包装，无印良品的这种新的方式与之形成了鲜明的对比，在世界引起的轰动，也给了崇尚简约设计的设计师们很多启发。

(二) 简约包装设计的理念

简约的包装设计并不是代表空洞、简单的包装设计。简约是一种对于"繁"的突破。简单与简约的关系就像是量变与质变的关系。简约是简单累加而形成的结晶，是经过层层的渗透和筛选之后形成的精华。简约是利用少量的有限的信息来传达耐人寻味的意境，可以于纷繁之中保持清晰的脉络，更能为观者的记忆力提供精练的索引信号，给人留下深刻的整体印象。简约包装不是简单的包装，而是要求包装设计简洁明了，设计要素准确、齐全，清晰地把握商品的属性，迅速准确地传达商品信息，使消费者在很短的时间内获得对商品较全面的了解。

（三）简约包装设计的特征

1. 明了性

包装上要明确注明产品的名称、品牌、商标，还要根据商品的特殊性标注上数量、重量、尺寸大小、生产日期、条形码以及厂家的信息等，尤其食品对人们的健康有着重要的影响，因此，在食品包装上还要特别标明该食品的营养成分列表、原料、保质期等以及脂肪和糖分的含量等。

2. 指导性

包装怎样打开，商品如何保存及其吃法、用法，包装上都应有很具体的交代。需要冷藏的，包装上必定要说明。指导使用的文字应详尽，必要时还应配上简洁的示意图。

3. 方便性

要考虑到商品从生产到达顾客手中的每个不同环境下的储存，包括在商店是否方便陈列，销售的时候是否方便顾客携带、使用等。

4. 安全性

包括防潮、防霉、防蛀、防震、防漏、防碎、防挤压等。

5. 审美性

由于消费群体、消费环境的不同，要对不同商品设计不同的构图，要把握好包装上图形、文字等与产品的关系，在完整地传达产品信息的前提下保持最大的美观性，创造让顾客可以赏心悦目的包装。

## 二、简约包装设计的建议

（一）使用环保的包装设计材料

产品包装是一个大行业，更应该积极融入环保建设中，因此，在材料使用上可以用一些诸如纸、棉、麻等可回收、可降解的天然材料。这些材料可简单加工，成本不高，已经成为一些商品包装的最佳选择。对于消费者来说，他们也更关注个人的身心健康，选择天然、无污染的包装材料也是满足消费需求、实现商品厂家生产价值的重要手段。

### (二) 吸收融合多样设计元素

简约包装同样关注审美效果，当生活水平提高时，人们便开始追求自然真朴，流露出崇尚精简雅洁的审美取向。包装也要根据人们的审美变化来设计，吸收融合民族的、大众化以及一些外国的设计元素，再加入独创性的构思，形成满足社会需要的简约包装设计风格。

### (三) 国家制定法规加以调节

目前，一些高档商品仍存在过度包装的现象。以前的月饼，现在的高档酒、茶等仍然在包装上争奇斗艳。对此，国家可订立一些法规，对这方面的问题进行规范化管理。包装设计行业的人员也应树立正确的设计理念。毕竟，和谐家园靠我们大家共建。

# 第三节　包装设计的人性化发展趋势

当今世界正处于经济发展的黄金时期，日益增长的富裕已经使昔日勤勉和节俭的观念大为降低。随着生活越来越舒适，人们有了越来越多的时间，价值重心转移到期望和平与安全以及相伴而来的其他方面。在迅速发展的商业社会里，人情关系、人际关系的冷漠更需要人性化的设计。简单地说，人性化设计就是从过去对功能的单一满足上升为对人的精神层面的关怀。在设计中赋予更多情感的、文化的、审美的内涵。建立一种人与物、人与环境和谐统一的美妙境界。

## 一、人性化设计的内涵

### (一) 人性化设计的定义

#### 1. 人性化的定义

现代对"人性化"设计的定义是指在保持设计的科学结构与合理功能的基础上，根据人体的生理结构、人的行为习惯以及心理情况、思维方式等，融入满足人的生理和心理需要、物质和精神需要的因素。简单地说，在设计的过程中要以人为主，设计不仅要能够满足人们实用的基本功能，而且还能满足人们精神上的需求。"人性化"是一种理念，体现在除了美观以外，还可以根据使用者的生活习惯、行为习惯以及思维方式作为主导，以方便使用者为目的。一来可以满足使用者的功能诉求；二来也可以满足使用者的心理需要。让现代技术和人的关系更为融合，让技术的发展围绕"人"的需要来展开，更贴切人的生活。技术是指可以是任何领域上的，是广义的技术。人性化定义中的思想是如何为人着想，更好地为人服务。

2.设计的内在含义

根据设计者的设计将设计划分为两个方面，其内在含义也根据设计者的设计目的分为艺术而设计与为生活而设计。为艺术的设计，含义较为简单，往往只考虑审美、意味、文化等因素，是人类对美学，对审美的追求产生的；而为生活的设计，则要以具体用途为出发点，以目的为中心。

从古代的哲学家到后来的美学家、艺术学家、文艺学者、美术家都不断从思维、体验、情感等方面对审美作出研究，假如我们仅将设计作品看作美学领域的产物，那么这些作品也可以看作艺术领域，也可以看作纯艺术的设计。但是为生活而设计是在其"目的性""实用性"的本质之下，不可能仅仅考虑审美、意味、文化等因素，还要考虑其作为有用之物所必须体现的用途以及使用者的使用感受。就像我们平日里用的茶杯，是以使用为前提及目的来设计的，所以对它的设计前提首要是使用，其次是便于使用，是必须围绕人们的习惯和其价值展开；在纯艺术领域下的茶杯设计便可以不顾及其实用性，也是以艺术、审美为目的的表达。

（二）人性化设计的内在含义

美国设计家普罗斯曾说过："人们总以为设计有三维：美学、技术和经济，然而，更重要的是第四维：人性。"人是设计的根本，设计是围绕人而服务的。所以，产品的使用者是设计的围绕对象。以主观的纯艺术来做设计是不能很好地为人服务的。所以为人服务的设计便是"以人为本"的设计。人性化设计的提出是社会发展的必然，在保持设计的科学结构和合理功能的情况下，根据人体的生理结构、人的行为习惯以及思维方式和心理因素等，再加上生理和心理所需要和物质与精神所需求的种种因素的融合，更完美地贴合人类，服务人类。

现代人们对商品包装的现状多少都有不同程度上的不满，人们对商品包装的抱怨，基本上是由于消费者使用时出现问题而引起的，包装设计缺乏人性理念。现代设计中，设计为人的需要而生，所以各种设计都强调以人为本，商品包装设计也不例外，这是为满足人类需求的必然结果。设计的主体是人，无论是设计者还是使用者，设计的核心是要满足人的，生理心理、物质精神的需要。可以看出，商品包装的人性化设计并不是追风逐俗，而是趋势使然。好的商品包装设计，都是从消费者的角度考虑，商品的归宿就是让消费者使用并让消费者满意。

## 二、商品包装设计融入人性化理念

人性化包装设计理念包含了重视人和尊重人的思想，强调要把尊重人作为企业经营活动的基础，要以人为本。包装设计不仅要满足消费者的物质要求，而且要关注物质待遇背后的人的思想意识和精神要求。

### (一) 根据市场需求进行设计

设计必须了解消费者对商品包装的需要，根据消费者的需求特点，不断进行商品包装创新，开发、设计符合消费者需要的商品包装，要正确运用商品包装策略来满足消费者对包装的需求。根据心理学观点，物体的不同形状会使人产生不同的心理感觉，如正方形具有端庄感，不同的矩形或呈豪华感，或呈轻快感或具有稳健感等。而不合理的造型会给人以沉闷感、危机感等。一个顾客在选购商品时，首先映入眼帘的是造型。因此，包装造型必须符合一般的心理要求，适应一定对象消费群体的共同审美意识。

### (二) 满足消费者的精神需求

随着生活水平的提高，人们的消费观念逐渐改变，消费者购买商品不仅要获得物质享受，更要获得一种精神上的满足和情感消费要求。因此，包装设计要不断求新求变。以新颖奇特的造型设计吸引消费者的目光，满足现代人追求轻松、愉快的消费心理。例如，在水果包装中，针对消费者买新吃鲜、量少次多的特点，一些经销商把不同形状、不同颜色的水果进行组合包装。圆圆的绿色苹果、弯月形的黄色香蕉、紫色的葡萄、橙色的金橘等，把它们摆在一个透明材料的小箱中。在超市货架上五颜六色、形状各异的时令水果令人赏心悦目，能够吸引人们的目光。消费者很愿意接受这种多口味、多品种的小包装。

## 三、人性化包装设计的实现途径

各式各样的包装设计中，大部分都可以很好地满足消费者的需求与期望，但是消费者都会选择自己喜欢的商品，除了商品本身的知名度和自身质量以外，包装设计是否真正地了解和关注到消费者的需求，也影响了消费者的购买欲。

### (一) 人性化的包装设计需要打动消费者

人性化的包装是来源于生活，而且具有感性色彩的，它很可能是某个生活细节的发掘。而且包装应该具有亲和力和沟通能力，具有商品本身打动消费者的内在特质。

人性化包装设计来源于文化。很多商品的本身是非常具有文化底蕴的，但是因为设计者缺少对商品历史人文的了解，设计出来的包装时常不能够显示出商品的文化品位。如果一种商品的包装设计可以将其自身的文化底蕴复原，这样才可以更好地让消费者接受，从而受消费者的关注。

人性化包装设计来源于情感。例如，某品牌的巧克力，它的包装总是打动着人们，热烈的红玫瑰让你想送给最爱的人，甜蜜的房子和雪花的造型总想让你送给最亲的家人，在巧克力中赋予了丰富感情后就不单单是香甜那么简单，不同情感诉求的包装设计可以化身成爱情、亲情、友情等，这样的人性化包装设计总是感动消费者，甚至不在乎它的价格。

人性化的包装设计来源于细节。社会的发展使我们的生活品质不断提高，品质本身就来源于细节，人性化设计也是如此，对消费者细节上的关注，以及对不同性别的人、不同年龄的人、不同性格的人的细节的观察分析，使做出的设计作品一定是优于笼统并没有细微观察的设计，从而也在不断推进商品包装设计的发展速度，甚至社会的进步，完美的设计往往都是做到细处。

（二）人性化包装设计离不开创新

包装设计的创新就是需要不间断探索消费者新的需求，不断发掘消费需求的新变化。只有这样，面对现今社会生活水平的飞速发展，才能够满足不断变化的人性化需求。

人性化设计的创新要结合一个民族的特点来进行，创新的包装设计是离不开地域性和民俗性的，是建立在悠久的民族文化历史的基础上来展开的创新。设计中，明显的地域性特色和民俗性往往体现消费者的人性化需求。我国的商品包装设计需要根据省份的历史文化的不同和中华民族的传统文化相结合，去展开创新，不同地区的消费习惯和水平也不相同，自然设计创新点也要因人而异。

人性化商品包装的创新除了需要关注地域性和民俗性之外，还需要迎合市场的状况而定。现今市场竞争十分激烈，各个产品都种类繁多，形式各异，一种产品就有几十家品牌在相互竞争，随着社会的发展，人们的审美观念在不停地转变，消费需求也在不停地转变，迎合消费者不停转变的消费心理和审美观，无疑是聪明之举。只有把包装设计的创新取向和市场取向有机地融合在一起，才可以真正实现包装设计的人性化。

# 第四节　包装设计的互动式发展趋势

信息时代的特征就是互动，这种特征给社会生活中的方方面面都带来了新的机遇。企业盲目追求利润是现代包装设计缺乏个性等问题的最根本原因。大部分企业因没有将包装设计用于提升产品和品牌形象的思想，使得产品缺乏市场竞争力。另外，静态的、平面的包装设计形式已经无法满足时代和消费者的需求。消费者需要的是更多自我价值的实现，更多选择参与性的互动。而互动式包装设计可以给消费者带来更多的信息交流，更多的互动体验。于是，在时代的要求下互动式理念的包装设计逐渐发展起来。

## 一、互动式包装设计概述

### (一)互动式包装设计的定义

"互动"这个词语在使用上比较宽泛,无论是人与人、人与产品、产品与产品之间的相互作用都可以理解为"互动"。在艺术领域里,设计师、营销者、体验者及设计创作中,产品和体验者之间的相互作用也可以理解为"互动";在设计中,设计师、产品、体验者之间相互的作用、互动、沟通、反馈,也可以说是一种"互动"。

互动理念是包装设计新兴发展的一个潮流,是体验者、包装结构以及辅助材料信息的结合。它所关心的设计是包含这些技术是否能为消费者提供服务,以及和他们互动经验的质量。人类的生活就是一个互动的生活。人类自出生后,就自然而然地用自己的五官、肢体、想象力与这个陌生的世界互动,从而形成属于人类自己的情感、知识以及实现自己的价值。今天,互动的理念、互动的艺术已经渗透到人们生活的各个方面,已经成为我们接触环境的适合体验的最佳方式。

正如包装设计使产品与体验者互动,具有互动艺术创意的包装设计让体验者有效地对从产品自身收获有趣的经验,更重要的是还能体现体验者自身的价值。互动艺术设计研究有两个关键元素:产品和体验者;互动艺术设计关心体验者的行为、体验心理、设计过程、实现技术等方面。互动艺术对体验者的研究,核心是研究体验者分类、体验者需求、体验者心理等内容,在充分研究体验者的基础上,分析体验者的行为,从体验者行为的过程中得出指导设计的方法和理论。

### (二)互动式包装设计的特点

#### 1.消费者的主导性

互动式理念包装设计,顾名思义,是必须具备互动性的。消费者在使用包装时,包装的材料、结构、视觉形象及包装的打开方式都可以被感知。互动式理念包装设计要求包装设计与消费者之间发生互动,突出"以人为本"的设计理念。过去的包装设计是消费者被打开、被使用的关系。互动式理念包装设计能够使消费者与包装设计之间发生互动,产生一定的刺激和影响。

也就是说，消费者在使用包装设计的过程中，感知层会受到刺激，进而完成心理体验，这种心理体验的产生，在真正意义上完成了包装设计与消费者心理层面的互动。

互动式理念包装设计更加注重对消费者各方面情况进行调研，在包装设计前期即市场调研阶段广泛听取消费者的建议，并对消费者人群进行不同的定位划分，继而合理分析，再根据消费者的定位来指导包装设计。在包装设计的过程中，根据消费者的切实需要，考虑消费者的参与，要预留给消费者进行包装再设计的空间，以便在实现包装中保护商品不被损害的同时，又可以让消费者亲自参与到包装的二次设计当中，方便消费者与包装设计进一步沟通和互动。

2. 包装设计的形态趣味性

"趣味"一词是指在活动过程中获得难忘的体验。本意上，它表达的是使人愉快、感到有趣、有吸引力的意思。它赋予人机智、活泼、天真和游戏的精神。趣味性利用包装设计向消费者展现品牌独特的一面，以影响消费者的情感变化并提升对品牌的肯定。并且包装设计的趣味性不受任何现状和世俗状态的约束，因此它呈现出新鲜的活力和自由的创造力。

以现代语境为背景，与现代主义的冷漠相对立，互动式理念包装设计的趣味性的发展意味着追求感性的快乐。它直接反映了现今人们摆脱生活压力，追求愉悦生活的愿望。生活、教育及修养等方面的差异造成了不同的消费者对趣味性的认知也不完全相同。假使包装能够和自己的一些经验发生重叠，或勾起自己对某些趣事的联想，但同时又具有一定的陌生感和含糊性，则最容易引发人们的兴趣。包装设计的效果由它的刺激效能的大小决定，具有强烈的视觉感受的包装设计一定能引起消费者共鸣，所以互动式理念包装设计的趣味性拥有视觉优先权。那么，消费者的好奇心理就很容易被富有趣味性的包装抓住，使其产生购买欲。

3. 包装设计的使用方式多样性

消费者具有个体性的性格特征。使用者不同，对包装的需要和使用的习惯也随着使用者而改变。包装设计师要对消费者进行深入调研，为使用者提供独特的使用方式，包括具有互动性的可单体改变的包装结构、可添加辅助构件的形式、可产生联想的视觉形象以及自由拆分组合的包装形态等。同时，消费者在使用过程中根据自身的需求选择属于自己的再利用方式，是真正意义上实现包装在使用方式上的多样性。

## 二、包装设计的互动性维度

### (一) 信息层面互动

#### 1. 信息有效传达

包装的一个重要功能就是信息传递。实验表明，对人的感觉通道来讲，每一个信息的传递速率都是一定的，一般在 10 比特每秒。如果超过了人的信息传递速率的这个限度，信息就不能完全被接受。对于产品包装的设计，设计师不可能去追求"无限信息的传达"，因此，分析主次、强化重点信息成了在有限空间进行视觉传达、信息传递的常用手法。此外，通过造型设计来增加包装展示面积的手法，实际上也有效降低了"信息密度"，改善了信息传递的效果。

#### 2. 色彩的表现

资料表明，受众在最初接触商品的 20 秒内，80% 的商品印象来自于色彩。因此，在包装色彩信息处理中，设计师一方面必须考虑受众对色彩的喜好和禁忌，区别对待受众在地域、性别、年龄、文化、身份等方面的色彩心理差异，有效抓住消费者的色彩心理；另一方面，在设计过程中设计师也需要考虑如何通过色彩表现产品。设计师在选用色彩时必须了解产品的信息，张扬或朴素、古典或现代，从而确立设计颜色的使用，将产品的信息含义通过包装表达出来。

#### 3. 符合受众接受心理

在包装信息处理中，除了"说什么"外，"怎么说"实际上成为信息传达效果成败的关键，因此信息的传达应符合人们认识过程的心理顺序和思维发展的逻辑顺序。当前在国际视觉传达设计中，一些清晰、动人的设计除了通过"秩序化""条理化"的设计来迎合消费者的认知逻辑外，通常还巧妙地运用幽默和乐趣的手法来调节人们的情趣、增强受众的好奇心理、提高信息的视觉注意力，从而达到加强受众对包装的视觉记忆、提升品牌辨识度的目的，这种行为实质上是设计师与受众互动的主动行为。

作为多维化的包装设计，能使受众从视觉、触觉、味觉等感官多方位、持续地接收信息，并与设计作品产生互动。多维的信息表达符合人的思维习惯，从而让人获得更好的信息传播效果。

（二）造型层面互动

包装造型直接与人发生作用，安全、便利的包装造型，有利于销售商、受众与包装建立起良好的互动关系，树立产品及品牌的良好形象。

例如，对传统牙膏包装的旋盖所做的改良设计，使得受众在单手持牙膏包装的情形下就能开盖，缩短了操作时间，降低了操作难度。而这种在受众信息反馈的基础上所做的设计改良，表层意义是通过设计改善受众与包装间的互动，内在实质是以包装为纽带的设计师与受众之间的行为互动。

（三）文化层面互动

国内的包装设计往往在图形、色彩等方面的二维空间中加强包装的民族文化意味。这种将传统元素及色彩在造型中的罗列和堆砌的手法忽视了文化的时空性，并不是真正意义上的文化互动。只有将造型、材料、色彩、图形、肌理等因素结合文化进行全方位的综合设计，并且有效地改善人与包装、人与人及人与自然的关系，才是互动的本质所在。

随着广大受众对绿色包装、天然物品的日益向往和受众怀旧情感的加剧，用竹、木、纸、陶等传统材料设计的包装比用金属、塑料更受人们的欢迎。这种具有传统文化神韵、地域特色和乡土气息的包装，在一定程度上起到了传递民族文化内涵的作用。

然而，民族化设计并不是简单地将设计"土"化，不是以复古为己任，不是以罗列传统元素为主要内容。包装设计的商业属性决定了民族化设计更重要的意义在于与受众的文化互动。因此，有选择地吸收西方先进的设计理念，加快传统元素创新，赋予民族化以时代性和国际性的内涵，便成为文化互动的核心。

参照现代人的审美情趣、消费心理，在包装设计中融合文化元素，并在形式和内容上重新发掘和整合，是对传统文化真正意义上的传承和发展，是对文化互动本质上的认识与体现，是使本土产品国际化的重要手段。

# 第五节　包装设计的概念与虚拟发展趋势

包装由简单实用、审美与效益性阶段逐步发展到追求环保的"绿色包装"阶段之后，未来的发展趋势应该更加注重趣味性、科学性和环保性：更合理的结构运用，更环保的材料，更加新颖独特的形态。在达到基本的包装功能的同时尽量节约，使消费者感觉舒适与趣味浓厚。包装设计的发展是将包装机能性与美感的完美结合，这符合包装发展的大趋势。未来的包装设计逐渐向概念形态和虚拟形态发展，本节对包装设计的概念与虚拟发展趋势进行分析。

## 一、包装设计的概念形态发展

### (一) 概念形态包装

#### 1. 概念设计

概念，是反映事物本质属性的一种思维形式，这种思维形式，撇开了事物众多属性中的非本质属性，形成"概念"。"概念"形成后，人们对事物的认识就已经从感性认识上升到理性认识，即把握住事物的本质。在艺术领域不断发展的进程中，概念设计是因意识形态之概念艺术的影响而形成的一种设计模式，概念设计在很多领域中都能得到充分的运用，比如，机械设计、环境艺术、建筑设计、产品设计等方面都有很多优秀的案例，"概念建筑"和"概念车"就是引入概念设计特别典型的产品。

#### 2. 概念形态包装

概念包装是包装设计中最具创造性的类别之一，概念形态的包装设计步骤分为：概念的产生和提出、概念的筛选以及概念的最终呈现。其实，所有的设计都是围绕概念这一思维进行的，设计思维可被称为概念思维，概念包装设计要求设计师的素质很高，当设计师把一些关于目标产品的相关概念提炼成最终概念的时候，他的新观念和新概念就形成了，这些概念最终会以简约的符号形式得以展现。

在人们心中，包装形态就是常见的六面体，以方形居多，所以大家会形成惯性思维，认为包装的外部形态就是这样。但是我们要去打破这种惯性的思维方式，运用创新思维、发散性思维和联想的思维进行思考，到大自然中寻找灵感，就会有很多全新的想法，随之就有可能提出新的包装设计概念。比如，仿生形态的包装，模仿自然形态或者自然的包装形式，这样全新的概念就完善了，为设计打开了崭新的思路，它可以引发出多种设计方案，类似这样的概念对于包装设计是至关重要的。还有些概念是因为新材料、新工艺和新能源的出现而产生的，例如，包装材料的不断发展演变，伴随着可降解材料的面世，从而产生可降解式包装，还有一些包装材料甚至是可食用的。

概念包装设计主题是以改革以往的设计理念为主，从而达到使人出乎意料又在情理之中的最终效果。概念的主题包含着性能、抽象、形态和生态等概念。性能概念又囊括了结构与材料、储运与保护以及使用方式等概念；形态概念则是指造型、装饰、色彩及展示销售等概念；而生态概念则是能源环保和健康理念等。概念形态并不是一味地推陈出新，它不会像装置似的只为结构和形态创新，它要同时为保护和使用作准备；材料的使用也不能像绿色设计那样，单纯地以简洁和环保为目的，它也要具备传达文化的特征；形态的创新也不如立体构成严格，因为它要借助形态来抒发某种情感。

总之，概念包装要具备前卫、勇敢的精神，引领更多材质的研发，在满足使用需求的同时，更要做到审美性和求新性的视觉观感，在设计领域中发挥出创造性的功效。

(二) 概念角度的形态创新

从概念角度出发的包装结构形态是探索性的，并非完全是实用性的。概念包装结构形态可以称为"给包装的一个概念"，是自身意识强调的一种表达方式。在表达时要寻求切入点进行表述，切入点或许是一个灵感、一种理性的认知、一个文化现象等。将切入点勇敢地、不受客观条件约束地凸显出来，从而起到传达的作用。"灵感""认知"和"文化现象"则是一种"概念"的体现。设计是具体的，同样也是抽象的，更甚之可能就是感官感受。它促使着设计研究快速地向纵深方向发展，脱离主客观条件的约束，推动创意思维能够充分、有效地展现。就像时装秀中在"T"型台上模特儿穿着的各种造型夸张的服装一样，设计师可能不会在意这件作品是否能够大量流通，而是在意作品是否能够提出一个新的概念、新的思维方式。当为一个新的概念、新的思维找出一种新的表达形式时，创意思维的过程也就完成了。由此可得，有着这些思想观念的指导，包装结构形态更具有独创精神。形态创新时应注意以下两点。

1. 思路确定，现状理解

产品的销售作为不可缺少的重要环节，决定了包装形态个体美观的必要性，更强调了包装形态的排列紧密性。如何形成有秩序的整体视觉美感是设计者首要考虑的问题。整体美感意在说明事物的有规律排列放置。组合式包装的出现使问题迎刃而解。

2. 形态分析，元素提取

三角形由于独立外形数量不同以及衔接位置的不同，有着不同的最终效果。独立外形可以以横向延伸，大量独立外形连接呈有秩序的横向队列，形成长龙状；也可纵向排列，形成积木堆积感，增减包装整体厚度。其中积木堆积将会成为商品多数量存放时不可缺少的方法之一。无规则的堆放在空间上会产生浪费，且在商品管理上造成不必要的混乱；有序堆积将使得问题迎刃而解，而积木式堆积理所当然地成为重中之重。

（三）设计原则

概念包装也是包装，不能脱离一般包装所具有的基本特征和功能，它依然要符合运输、承装、保护和消费的原则，只是更具有前瞻性、探索性和创新性。所以，包装造型结构的设计原则要求同样适用于概念形态设计中。包装形态的设计原则对于设计师来说就是一种可以遵循的设计方法和技巧，而且想要设计出造型多样、适用且美观的盒型，仍需不断地进行研究。概念形态包装也是以设计为目的，虽然千变万化，却要遵循基本原则。

1. 美观性与变化性

具有美观性与变化性。概念包装造型形态的设计原则首先应该是美观性，就是指包装的造型是否好看，是否符合大众的审美情趣。同类产品，在价格不相上下的情况下，包装的美与丑、雅与俗能在一定程度上决定竞争的胜负，包装美观销量上升，反之会滞销。虽然在包装设计中应该注意形态的完整，但是也要有变化性，有变化才能有创新，有创新就会体现出产品包装的独特和个性，才会有更多的可能性，更加美观。当然，过于复杂的包装是不可取的，所以影响整体效果的变化要竭力避免。

2. 实用性与方便性

所谓实用性，其实就是它的造型结构能够便于人们使用，在陈列、携带、开启、保存、运输方面的方便性等。如今消费者对于包装形态的方便性非常看重，以手提式包装为例，它现在广泛地应用在食品、服装等方面，其主要是便于消费者的使用。包装又可分为运输包装和销售包装，运输包装就是外包装，外包装一般都是方形盒，即使设计了不规则的销售包装，也要加方形箱才能运输。消费者在使用产品时方便存取这些细节需要在设计包装结构时注意。

3. 经济性与环保性

经济性顾名思义，就是合理的成本价格，其中包装材料、生产加工成本，包括商品的最终价格等方面都要计算在内。如果在包装材料和生产成本上做到了合理的节约，可以尽量选择可回收利用的环保型材料，不过度包装，也达到了环保效果。

4. 科学性与合理性

包装科学性是指包装的造型设计中要根据数学和力学的原理进行制作设计，盒型结构缜密、抗压。合理性是指盒型用的材料少但是容量大。用科学的态度来对待概念设计，新的包装形象不可以仅仅拥有美丽的外表层，它必须是通过多次实际研究、系统调查、分析实验和总结得出的结果，能够体现社会发展的水平和科学的研究水平，人们对传统的二次认识、对传统材料的二次利用、对新材料和新工艺的开发，都要建立在科学的态度上。

5. 原创性

既然是概念形态设计，那就需要遵循不同于其他的原创性原则，要想创作出有竞争力的设计作品，必须具有独到的见解和个性，这样才会使之有探讨性及研究价值，才能得出区别于现有同类产品的全新设计方案，也就不会造成雷同，设计出的作品才展现创造性的进步意义。

以上五点就是包装形态设计的基本原则。随着时代的发展，这些基本原则已经不能满足消费者对于包装形态日益增长的需求，因为消费者不仅仅注重物质需求了。因此，概念包装形态设计的原则也要与时俱进，在运用的时候需要设计者因地制宜地做出相应的调整和变化。

(四) 包装形态发展的时代性

包装区别于其他艺术类型，在经济不发达的情况下，文学等艺术仍会展现繁荣景象，但包装是不可能的，包装的发展与经济发展有着紧密的联系。随着工业社会的迅速发展，现代包装设计也在不断地发展变化，未来它还会随着经济的发展、科技的进步等产生更多的新理念并且不断地完善。因此，包装形态的未来发展包括它的多变性、独特性等都会同步于时代的发展。

包装的发展可以分为几个重要的阶段。原始包装是指使用现有的叶、壳、葫芦等盛装物品的包装形式，中国最古老的包装雏形则是陶器，不仅能盛装物品，还具有观赏性，后来还有漆器、金属器、纺织品等的发展，造型也随之越来越多样。造纸术和印刷术的成熟也促进包装发展到一个新的阶段——纸质包装，19世纪的包装单纯地考虑保护机能的体现，包装其他方面的因素考虑不够周到。20世纪50年代，随着工业设计日新月异的发展，批量化生产的出现导致包装出现呆板、单一的问题。六七十年代，电脑多媒体以及互联网等新型传播工具的出现，使人们的视觉范围和传达速度得到了极快的提高，包装形态的设计也展现出了新的形式与方法，科技的发展促使很多形式思想得以实现，一些新技术可以使更多不同的材料运用于包装中，例如，饮品包装出现了不同的结构形态，纸质盒式、塑料瓶装式、玻璃瓶式、金属瓶式等多种多样。模具工艺的发展也使瓶子形成各种形态，纸盒也出现了大小各种造型，不同的模具制造不同的形态，使外包装产生更为丰富多彩的形态。随着时间的推移，工业大力迅速发展，过度的生产终于带来了日益严重的环境污染问题，到了80年代末，人们开始意识到要保护环境减少污染，"绿色包装"的理念随之被提了出来，包装设计又迎来一个新时期，要用可回收利用的新型环保材料和环保工艺，设计出造型结构更合理的包装形态，要向简约节省的方向发展。每个时期的包装都有其独特的烙印。通过这些阶段的发展和改变，可以看出包装设计理念的每一次大改变都和社会的发展、科技的发展息息相关，相辅相成。因此，作为一个包装设计师，若要创造优秀的作品，不仅需要不断学习掌握中外包装设计的新生理念和新型动态，而且要把它运用在自己的作品中。

## 二、包装设计的虚拟化发展

### (一) 虚拟现实技术与包装设计

#### 1. 虚拟现实技术

人们口中的灵境技术就是指计算机虚拟现实技术，它是一种计算机系统，用户可以通过它创建一个虚拟世界，并且可以亲身体验到这个虚拟世界的乐趣。该计算机技术的研发和利用给设计师、客户、消费者提供一个可以方便互动的平台，产生的效果更加生动逼真。计算机虚拟现实技术具有交互性、构想性以及沉浸性三大特性。

近些年来，该技术的快速发展，为我国商品包装设计提供了坚实的技术保障。随着计算机技术的飞速发展，结合三维图像的计算机虚拟现实技术在商品包装设计中越来越受到设计师和客户的青睐。

应用该技术的包装设计主要具有以下优点。①更加逼真，与传统的三维平面图像比较，它更能全方位体现商品信息；②沉浸感强，可以让人有一种置身其中的感觉；③制作便捷、成本低廉；④电子文件形式更加便于携带、储存和传输。利用虚拟现实技术可以给设计师、客户和消费者创建一个便捷的三方互动平台，使商品包装设计产生质的飞跃。

#### 2. 现代商品包装设计

包装，通俗来讲就是商品保护层，在商品运输、销售的过程中起到保护和展示作用，它最终的目的是通过特定的外在形象加工来吸引消费者达到消费的目的。因而，要求包装不仅仅要有过硬的外在保护技术，以保证其中的商品不被损坏，更要具备一定的视觉冲击效果和传播效应，全面反映商品的信息，从而最大可能地勾起消费者的消费欲望，达到销售商品的目的。

随着人类社会的不断进步，人们已经不仅仅限于物质方面的满足，越来越趋向对精神层次的追求。随着社会潮流的不断改变，现代商品包装设计也被增加新的内涵，不再简简单单的是一种物质生产活动，更多的是其商品包装本身所带有的文化气息、时尚品位。

(二) 虚拟包装的构成

1. 虚拟包装的骨架——造型

造型是物的外在形态，万物皆有形，虚拟包装的造型是指虚拟包装容器的形态。生活中常见的形态有三种，即自然形态、人造形态和偶发形态。虚拟包装的形态是根据虚拟产品的形态，经过人工设计和加工的人造形态，它是虚拟包装的骨架，是一切其他虚拟包装元素所依附的根本。认识虚拟包装形态主要依靠视觉和触觉，其中视觉反应比触觉反应更迅速和敏锐，对形态具有更强的识别力。虚拟包装的造型并不从物理层面承载虚拟产品，虽然摆脱了空间和材料的局限，但仍应做到与虚拟产品的主题、形式和情感层面的契合。

2. 虚拟包装的血肉——材料

虚拟包装虽是数字化的容器，但材料仍是虚拟包装实现的基本条件，是营造虚拟包装视觉和触觉效果必不可少的元素。虚拟包装的材料选用是对物理材料进行模拟、创新后的呈现。虚拟包装可选用的材料主要有纸、木材、塑料、玻璃、陶瓷、金属以及各种天然材料和复合材料等，不同的包装材料本身具有不同的特性，其多样的质感、色彩、肌理能产生丰富的视觉和触觉感受。发挥包装材料本身所具有的美感，能够满足不同消费者的审美需求。

3. 虚拟包装的发肤——平面形象

虚拟包装形象主要由图形设计、文字设计、色彩设计等编排构成，通过对虚拟包装的外在进行视觉化和信息化的设计，体现着虚拟包装的传达性、促销性和审美性。虚拟包装的形象设计能够体现出虚拟产品独特的属性，在短时间内准确无误地传达信息，吸引用户的注意力，使用户在轻松愉悦氛围中产生对产品的整体印象，进而促成选择和购买行为的发生。

4. 虚拟包装的独有元素之一——声音

声音是虚拟包装所独有的，实物包装是产品无声的促销员，信息时代的虚拟包装加入了声音元素，成为虚拟产品多才多艺的促销员。虚拟包装的声音以三维虚拟声音的形式体现。三维虚拟声音是通过耳机或音箱阵列为听者创造具有三维空间感、方位感的声音影像，在虚拟场景中能使听者准确地判断出声源位置、与在真实世界中人们的心理听觉方式相符、使人们获得与临场相似的听觉感受（主要包括方位感、距离感尤其是相对距离感以及环境感等）的声音系统。声音能够传递对象的属性信息，是用户和虚拟包装的一种交互方式，能够衬托视觉效果，增强虚拟包装的空间感和真实感。

5. 虚拟包装的独有元素之二——多媒体影像

各种感官不是独立的，多种感官同时起作用会使虚拟现实的沉浸感更逼真。多影像是一种综合视频与音频信息的元素，也是虚拟包装所特有的元素。随着动态影像技术的发展和应用的深入，多媒体影像传达虚拟包装信息的优势越来越明显，多媒体影像能够及时准确地表达事件发展，帮助用户更好地了解包装以及产品的使用过程，多媒体影像具有更强的视觉冲击力、听觉冲击力和情感冲击力，让用户产生强烈的好感和深刻的记忆，在很大程度上影响用户的选择行为。

(三) 虚拟包装的特征

1. 数字化

虚拟包装的数字化特征有两方面的体现：一是现实物质世界的基本单位是原子，而虚拟世界里的基本单位是0和1：两个二进制数字；二是现实世界里的物体依照尺寸和形状占据相应的空间，虚拟世界里的物体大小以字节为计量单位，即根据生成的文件所占用的磁盘空间来判定其大小。

在虚拟世界里，任何复杂多变的信息都是以二进制代码表示并建立起数字化模型，以0和1的组合为基本表示，可以生成千差万别的虚拟包装。数字化是当今信息社会的技术基础，也是虚拟包装设计的重要特征。虚拟包装中的文字、图像、声音等各种信息，都是以0和1的组合形式为最基本的表示，正因为0和1可以表示生动的多媒体形象，我们才可以在虚拟空间里看到图像、听到声音、感受触觉，与其产生交互。

数字作为一种符号代码存了几千年，而当今二进制构成物体并以比特数为计量单位的形式发挥如此重要的作用在人类史中是前所未有的，是人类发挥想象力和智慧的升华。

2. 空间自由性

传统包装时间深受空间的限制，虚拟空间提供给虚拟包装空间上无限自由的天地，这种自由性体现在以下方面：一是进行包装创作的地点具有任意性，在任意装有虚拟现实开发软件的计算机上都可以进行虚拟包装创作，并通过互联网将信息发布出去；二是任何地方的接通互联网的计算机上都可以访问虚拟平台上的包装信息，无论访问者是在世界上的哪一个角落，都可以共享同一个平台上的同一信息；三是虚拟包装本身的空间尺度具有随意性，产品的尺寸不再是包装设计考虑的必要因素，根据包装创作的需要，甚至可以把一栋大楼装进口袋里；四是在虚拟世界里地点之间的切换不通过步行或交通工具完成，不同位置的信息只要通过超链接的形式鼠标轻轻一击即可实现。

### 3. 实时性

实时性是指虚拟包装的图像、声音等随时间轴的行进而变化。虚拟包装将声音和动态的视觉形式引入了包装设计，一件虚拟包装按照设定好的程序起到了对产品的宣传作用，在这个过程中，我们看到的图像、听到的声音都是据设定好的时间而变化的。发达的数据压缩技术和网络传输技术也是预期的实时性得以实现的重要保障，文件承载信息经由高速的网络将虚拟包装和虚拟世界展示于我们的眼前。

### 4. 自主性

用户可在虚拟包装平台上根据自己的需要进行虚拟包装自主设计，这区别于以往任何的包装形式，自主性是虚拟包装艺术活的灵魂。虚拟包装的自主性有赖于良好的交互性和充分的开放性。交互性是指用户可以与计算机的多种信息媒体进行交互操作，从而为用户提供了更加有效地控制和使用信息的手段。开放性是指虚拟包装系统向用户提供可由用户自主实现的功能。虚拟包装不仅仅是一样虚拟物品，而是包括软硬件共同作用的交互界面，在这个友好的界面里，受众不仅仅是被动接受信息，用户可以进行观察、查找、实践、使用、建构以及创造活动。用户置身于一个虚拟的环境之中，良好的交互性可以帮助用户自主地跳过不需要的数据而直接进入对自己有用的部分，可以将自己感兴趣的信息采集使用，由于足够的开放性，用户还可以充分自主地根据需要对信息进行重新整理归纳甚至编写，创造出个性的、量身定制的虚拟包装。

5. 超越性

虚拟包装从技术手段、表现形式上都完成了对传统实物包装的超越，但从另一方面来说，虚拟包装在设计理念上对传统实物包装的超越才具有更加激动人心、变更世界的意义，它使人类的艺术实践范围得到极大拓展，激发了人的想象力和创造力。人类向往自由、追求梦想的脚步从未停止，计算机技术的成熟、虚拟世界的兴起、虚拟包装的发展无疑给人们的自由梦想插上了飞翔的翅膀，它超越了实体和物理空间的局限，具有主体的自我超越性和超自然性。虚拟现实的出现，对人类既有的生存和秩序造成了一次极具颠覆性的革命，它标志着一种新时代文明的到来和一种新经济秩序的形成。这将人类的生活空间拓展到更大的境界，促使我们去探索新的法则，实现人类智慧的更高水平。

(四) 虚拟包装的功能

1. 方便虚拟产品的管理和使用

虚拟产品包装给实际的人们的虚拟生存带来许多便利之处，在提高工作效率、改善生活品质方面起着重要的作用。考虑到不同虚拟产品的属性和用途，虚拟包装可以帮助人们分门别类地管理虚拟产品，方便查找和使用。例如，网络游戏里的道具包，起先五花八门的游戏道具都是较随意地"挤"在游戏界面里的，不仅影响视觉效果，也不容易被玩家及时找到，延误了使用的最佳时间，道具包的出现解决了这个问题，从盛放道具的类型和数量上都有科学的规划，还给了玩家一个纯净的游戏界面，减少了道具选择的时间，增强了游戏操作的流畅度。

2. 美化产品形象与提升其价值

人类普遍有追求美的动机，虚拟产品作为一种超越了人们基本生活需要的非物质产品，更加贯穿着人们的审美需求。在很多情况下，虚拟产品的外包装影响着用户对产品本身品质的判断，设计成功的虚拟包装本身就是一件艺术品，能赋予虚拟产品良好的形象，给用户带来美的享受，同时也提高了虚拟产品的身价。

3. 增进人的情感交流

虚拟包装不仅有经济性，更具有精神性，它能使消费者熟悉虚拟产品，增强对产品的好感和对运营商的忠诚度，也能使消费者在接受信息的同时，获得精神上的愉悦，启迪人们的智慧。在现代社会，人们对产品的精神需求已经成为一种优势需求，在购买产品时人们不仅仅满足于功能的实现，更要求得到精神上、心理上的满足，包装的存在往往起到打动人们心灵的作用。在虚拟空间里，信息的获取和交流都变得方便、容易，人们越来越多质疑信息社会里人与人之间情感的淡漠，而虚拟包装恰恰是增进人与界面、人与人之间沟通情感的优势手段，例如，在一封圣诞贺卡的演示前加入一段信封打开的动画，能够唤起人们对旧时信件的记忆，产生一种亲切感。

4.促进虚拟产品销售

买椟还珠是中国人耳熟能详的典故，说明了人们对包装最极致的喜爱。在现实生活中，人们虽然不会丢弃产品留下包装，但是了解市场销售的情形后便可以发现，成功的包装设计对于一种产品在市场上取得成功起着极其重要的作用。设计新颖、质量优良、结构合理、使用方便的包装，是获取高销售额和高利润的有效手段。随着虚拟产品购买力的提高以及虚拟市场的繁荣，虚拟包装对促进虚拟产品销售的作用将越来越明显，当一般的实用性得到满足时，虚拟产品的营销必然进入由包装说话的阶段。一个好的虚拟产品包装，需要综合考虑多方面因素，充分照顾到人们的情感需求，才能更好地担当虚拟产品"促销员"的角色。

(五)虚拟包装与实物包装的比较

1.包装功能的比较

(1)实物包装的功能。人类发展史从劳动开始，人们劳作生产出的产品需要容纳、储存、保护、运输，从而产生了最早的包装，例如，盛水的陶壶，承载和保护是人类对包装最初和最基本的功能需求。现代实物包装在满足容纳和保护功能的基础上又衍生出了新的功能，包括广告和识别功能、美化和增值功能、促销功能、指导消费功能、便利功能。

(2)虚拟包装的功能。虚拟包装的功能主要有方便虚拟产品的管理和使用、美化产品形象与提升其价值、增进人的情感交流、促进虚拟产品销售的功能。与实物包装相比较，虚拟包装并不具有物理意义上对虚拟产品的承载和保护的作用，而倾向于一种符号化的概念包装。

2. 包装理念的比较

(1) 实物包装的理念。随着生产生活的发展进步，包装理念在不断发展。包装的形式也因此持续变化。包装依附于社会的发展而变化，不同的发展时期、社会形态、经济情况、生活方式、消费观念都影响着包装设计的理念。

欧美的包装一贯给人以务实的印象，注重图形和符号的研究，表达信息直接准确，20 世纪 70 年代将策略引入包装设计中，使包装成为展示企业形象的窗口。一般来说，欧美包装重理性多于感性，秉承了大度、严谨、阳刚的风格。日本深受汉唐文化的影响，在对传统礼仪文化的传承上甚至超过了中国，"礼"是日本文化的基本要义之一，日本包装十分注重"礼"的传达，包装在日本承担着最重大的文化意义之一是传递人与人之间的情谊，而促成日本包装脱颖而出、自成一派的更重要原因是将东方传统文化精髓与欧美文化中精华的部分天衣无缝地融合起来，结合了东方的浪漫与西方的理性，适应了日本现代包装的需要。我国现代包装起于五六十年代，"实用、经济、美观"加上政治色彩和规范是那时的包装理念，后来随着改革开放的推进，自身文化的发掘与国际优秀文化和设计的引进，使得包装设计得到了大发展，包装设计的舞台更加自由和多彩。

随着全球一体化进程的推进，人口、资源、环境问题越来越突出，当今涌现出许多新的包装理念在世界各国都受到了关注并得以推广实施，倡导绿色包装、轻量包装、适度包装、人性化包装，将自然生态的长远发展列入包装设计的理念中是包装行业面临的新的挑战。

(2) 虚拟包装的理念。与实物包装相比较，虚拟包装同样承担了宣传产品的任务，也同样因地域和时代的变迁而展示出不同的表现形式。但由于其内容物和包装构成的特殊性，虚拟包装并不包含对虚拟产品的物理承载和保护功能，所以虚拟包装可以更大限度地发挥人类想象的自由，演绎出更加丰富多彩的包装形式。虚拟包装的"实用"准则不再是尺寸、材料与产品的契合，虚拟包装可以超越尺寸、材质的局限而不必担心造成环境污染和资源浪费，一棵大树可以包装在一个糖果盒里而不显得局促，买椟还珠的故事也可以在虚拟世界里重新上演，只要懂得软件和代码，设计师可以创造出突破物质局限和人类想象的新的感官效果。

虚拟包装设计的理念打破传统的束缚，自由度、灵活度空前爆发，给人们带来一个超越现实的虚拟包装世界是虚拟包装设计师面临的新鲜挑战。

3.包装技术的比较

（1）实物包装技术。提到包装技术，可以联系到的词语不胜枚举，印刷技术、保鲜技术、充气包装技术、无菌包装技术、纸浆模压技术、纳米技术、防伪技术等都是人们熟悉的包装技术，五花八门的包装技术，可以归纳为以下五个部分包装材料与容器、包装印刷与装潢、包装动力学与运输包装、包装机械以及包装设计，涉及力学、材料、生物、机械、艺术、管理、计算机等多个学科。

（2）虚拟包装技术。虚拟产品相应于虚拟包装，其实质是计算机里的二进制的数字，它的运行依赖于计算机程序设计师，而它的外观是艺术设计的呈现。总的来说，虚拟包装设计在技术方面主要涉及计算机和艺术设计两大学科。

建模渲染引擎是虚拟包装的核心技术，三维的建模渲染技术在今天可以说发展得非常成熟，越来越多的设计师利用个人计算机可以设计出逼真的三维虚拟包装，PROE、Cinema 4D、lightwave 3D、3ds max 等建模渲染软件已经在设计行业广泛普及，操作系统提供商和三维显示卡生产商共同努力，实现了自由的可编程空间和三维图像高清、实时、流畅显示，由此虚拟包装系统建模渲染引擎可以提供给受众自然、亮丽的三维画面感受，保证三维图形的质量和渲染实时性二者兼顾。

如果说建模渲染引擎是虚拟包装的核心，那么多媒体技术堪称是虚拟包装的血肉。多媒体艺术设计是将文字、图形、图像、视频、声音等各种表现媒体集于一体，加入了交互功能，为人类提供的一种信息传播的方式。多媒体技术的运用，将声音引入虚拟包装中并将图像和声音完美融合，带给我们更真实的虚拟体验。

# 参考文献

[1] 崔德群，于讴，吴凤颖 . 包装设计 [M]. 延吉：延边大学出版社，2016.

[2] 李丽，任义，张剑 . 包装设计 [M]. 北京：机械工业出版社，2016.

[3] 朱国勤，吴飞飞 . 包装设计 [M]. 上海：上海人民美术出版社，2016.

[4] 彭利荣 . 包装设计 [M]. 北京：科学出版社，2016.

[5] 庞博 . 包装设计 [M]. 北京：化学工业出版社，2016.

[6] 王炳南 . 包装设计 [M]. 北京：文化发展出版社，2016.

[7] 刘小艳 . 包装设计 [M]. 北京：中国传媒大学出版社，2016.

[8] （澳）托尼·伊博森，彭冲 . 环保包装设计 [M]. 桂林：广西师范大学出版社，2016.

[9] 王绍强 . 包装设计艺术 [M]. 北京：北京美术摄影出版社，2015.

[10] 高品，霍凯 . 品牌包装设计 [M]. 沈阳：东北大学出版社，2015.

[11] 刘兵兵 . 个性化包装设计 [M]. 北京：化学工业出版社，2016.

[12] 鞠海 . 包装结构设计 [M]. 沈阳：辽宁科学技术出版社，2016.

[13] 高敏 . 包装设计方法解析 [M]. 北京：中国商务出版社，2016.

[14] 郑小利 . 包装设计理论与实践 [M]. 北京：北京工业大学出版社，2016.

[15] 王亚非 . 字体与包装应用设计 [M]. 沈阳：辽宁美术出版社，2016.

[16] 魏洁 . 创意包装设计 [M]. 上海：上海人民美术出版社，2017.

[17] 符瑞方 . 包装设计 [M]. 北京：人民邮电出版社，2015.

[18] 潘森，王威 . 包装设计 [M]. 北京：中国建筑工业出版社，2015.

[19] 刘春雷，汪兰川，申丽丽 . 包装设计及应用 [M]. 武汉：华中科技大学出版社，2017.

[20] 刘春雷.包装设计印刷 [M].北京：印刷工业出版社，2007.

[21] 殷石.包装设计 [M].合肥：安徽美术出版社，2015.

[22] 秦杨，黄俊，金保华.包装设计 [M].西安：西安交通大学出版社，2015.

[23] 万越.包装设计 [M].武汉：华中科技大学出版社，2015.

[24] 魏群.包装设计 [M].南京：江苏美术出版社，2015.

[25] 高媛，李宗尧.包装设计 [M].北京：清华大学出版社，2015.

[26] 宋华，李茜.包装设计 [M].合肥：合肥工业大学出版社，2015.

[27] 周作好.现代包装设计理论与实践 [M].成都：西南交通大学出版社，2017.

[28] 陈根.决定成败的产品包装设计 [M].北京：化学工业出版社，2017.

[29] 陈根.包装设计及经典案例点评 [M].北京：化学工业出版社，2015.

[30] 李帅.现代包装设计技巧与综合应用 [M].成都：西南交通大学出版社，2017.

[31] 孟祥斌，边疆.商品包装设计 [M].上海：东华大学出版社，2015.

[32] 王安霞.产品包装设计 [M].南京：东南大学出版社，2015.

[33] 和钰，侯晓鹏.产品包装设计 [M].北京：中国水利水电出版社，2015.

[34] 于静，李航.包装设计与实训 [M].沈阳：辽宁美术出版社，2015.

[35] 于静.创意包装设计 [M].沈阳：辽宁美术出版社，2014.

[36] 陈希.中国美术·包装设计 [M].沈阳：辽宁美术出版社，2014.

[37] 宋钦海.包装设计教程 [M].沈阳：辽宁美术出版社，2014.

[38] 杨钢.包装设计 [M].郑州：大象出版社，2014.

[39] 刘宏芹，王秀华，刘宝成.商品包装设计 [M].北京：清华大学出版社，2014.

[40] 连放，胡珂.产品包装设计 [M].北京：清华大学出版社，2014.

[41] 高秦艳，葛颂.商品包装设计 [M].青岛：中国海洋大学出版社，2014.

[42] 邵连顺.纸盒包装设计 [M].沈阳：辽宁美术出版社，2014.

[43] 刘燕，王兆阳.包装设计 [M].南京：南京大学出版社，2014.

[44] 刘安.包装设计 [M].长春：东北师范大学出版社，2014.

[45] 宋春艳，尹艳敏.包装设计 [M].石家庄：河北美术出版社，2014.

[46] 糜淑娥.包装设计 [M].北京：中国劳动社会保障出版社，2014.

[47] 李宗鹏，周生浩.纸盒包装设计·制作·刀版图 [M].沈阳：辽宁美术出版社，2014.

[48] 陈达强.包装设计效果图表现 [M].沈阳：辽宁美术出版社，2014.

[49] 刘杰，钟恒.包装设计与印刷工艺 [M].长春：东北师范大学出版社，2011.

[50] 赵秀萍.现代包装设计与印刷 [M].北京：化学工业出版社，2004.

[51] 朱晓明.现代印刷包装产业发展战略研究 [M].上海：复旦大学出版社，2007.

[52] 金银河.包装印刷技术 [M].北京：中国纺织出版社，2005.

[53] 张朴，侯云汉.印刷工艺 [M].武汉：华中师范大学出版社，2008.

[54] 王晓颖.商周装饰纹样在包装设计中的应用 [J].西部皮革，2016(18)：70.

[55] 马小云.中国传统艺术对现代包装设计的审美影响研究 [J].文艺生活（文艺理论），2016(2)：64.

[56] 金学艳.传统手工艺元素在现代包装设计中的蜕变与再生 [J].中国包装工业，2015(7)：78–79.

[57] 杜欣.浅谈传统文化元素在现代包装设计中的应用 [J].艺术评鉴，2017(7)：180–181.

[58] 张楠.传统文化元素在现代包装设计中的运用原则 [J].中国包装工业，2016(6)：75.

[59] 霍文涛.探析中国传统文化元素在包装设计中的应用 [J].科学大众（科学教育），2014(6)：120.

[60] 王增.水墨书画元素与茶叶包装设计的应用结合 [J].福建茶叶，2016(9)：181–182.

[61] 年夫彪.工业产品包装设计发展趋势探讨 [J].中国科技博览，

2017(34).

[62] 胡萍.现代包装设计的发展趋势[J].中国高新技术企业，2016(28)：55-56.

[63] 关跃.浅析外观包装设计的发展趋势[J].牡丹，2016(16)：32-33.

[64] 黄小珊.浅谈电商时代包装设计的发展趋势[J].中国包装工业，2016(6)：152.

[65] 何洁，冯小红.时代背景下包装设计的发展趋势及意义[J].绿色包装，2015(5)：17-19.

[66] 潘小玲.浅谈中国包装设计的发展趋势[J].青春岁月，2013(15)：73.

[67] 徐军.书画艺术在现代酒包装设计中的运用[J].包装工程，2016(16)：161-164.

[68] 陈颖.包装设计中书画元素的应用探究[J].中国包装工业，2015(21)：81.

[69] 周珏.包装设计的发展趋势[J].科协论坛，2010(6)：106-107.

[70] 管顺丰，张弘杨.浅谈包装设计发展趋势[J].企业导报，2011(8)：137.

[71] 李建华，赵楠.包装设计发展趋势浅析[J].中国包装，2006(5)：48-51.

[72] 蔡丽芬.试论"绿色包装"设计的发展趋势[J].江苏经贸职业技术学院学报，2008(3)：38-41.